確率的最適化

Stochastic Optimization

鈴木大慈

講談社

■ 編者

杉山　将 博士（工学）

東京大学大学院新領域創成科学研究科 教授

■ シリーズの刊行にあたって

　インターネットや多種多様なセンサーから，大量のデータを容易に入手できる「ビッグデータ」の時代がやって来ました．現在，ビッグデータから新たな価値を創造するための取り組みが世界的に行われており，日本でも産学官が連携した研究開発体制が構築されつつあります．

　ビッグデータの解析には，データの背後に潜む規則や知識を見つけ出す「機械学習」とよばれる知的データ処理技術が重要な働きをします．機械学習の技術は，近年のコンピュータの飛躍的な性能向上と相まって，目覚ましい速さで発展しています．そして，最先端の機械学習技術は，音声，画像，自然言語，ロボットなどの工学分野で大きな成功を収めるとともに，生物学，脳科学，医学，天文学などの基礎科学分野でも不可欠になりつつあります．

　しかし，機械学習の最先端のアルゴリズムは，統計学，確率論，最適化理論，アルゴリズム論などの高度な数学を駆使して設計されているため，初学者が習得するのは極めて困難です．また，機械学習技術の応用分野は非常に多様なため，これらを俯瞰的な視点から学ぶことも難しいのが現状です．

　本シリーズでは，これからデータサイエンス分野で研究を行おうとしている大学生・大学院生，および，機械学習技術を基礎科学や産業に応用しようとしている大学院生・研究者・技術者を主な対象として，ビッグデータ時代を牽引している若手・中堅の現役研究者が，発展著しい機械学習技術の数学的な基礎理論，実用的なアルゴリズム，さらには，それらの活用法を，入門的な内容から最先端の研究成果までわかりやすく解説します．

　本シリーズが，読者の皆さんのデータサイエンスに対するより一層の興味を掻き立てるとともに，ビッグデータ時代を渡り歩いていくための技術獲得の一助となることを願います．

2014 年 11 月

「機械学習プロフェッショナルシリーズ」編者

杉山 将

■ はじめに

インターネット，センサ技術およびコンピューターの発達により，さまざまな種類のデータが大量に手に入る現在，大量のデータから意味ある情報を取り出すための機械学習技術が注目され，大いに発展を遂げています．多種多様なデータが取得可能になったことでさまざまな問題が解けるようになった一方で，データサイズの肥大化による計算量増大の問題が生じています．機械学習技術を実用的にフル活用するには大量データの学習をなるべく効率的に実行しなくてはいけません．確率的最適化は大量データの大規模学習問題を解くための強力な技法であり，現在の機械学習における基本的構成要素となっています．本書では機械学習における確率的最適化の諸手法を紹介するとともに，その理論を解説します．

機械学習における確率的最適化は現在も盛んに研究され著しい発展を遂げている分野であり，その全容を収録するには広範すぎる広がりをみせています．本書では，なるべく最新の技法にもアクセスできるよう，古典的な手法に加えて，新しい手法もできるだけ取り入れました．一方で，どの方法にも横断的に使われている基本的考え方を把握できるよう，凸解析などの基礎的な理論にも重きをおいて解説を与えました．

本書では一貫して凸目的関数の最適化を扱いました．確率的最適化は，凸最適化だけではなく，非凸目的関数の最適化にも用いられており，特に深層学習の最適化では重要な役割を果たしています．ただ，そのエッセンスは凸最適化の枠組みからも多くを知ることが可能なため，理論的な整合性を優先させて凸最適化にテーマを絞っています．

本書は機械学習手法を実際に使おうと考えているエンジニアや新しく確率的最適化の研究を始める学生および研究者のための入門書です．本書を読むにあたり，学部程度の確率・統計および機械学習の基本的問題設定の知識があることが望ましいですが，基本的な部分から解説を与えているため必ずしもそれらを習得している必要はありません．一方で，より進んだ手法を学びたい場合は適宜引用文献をあたってみてください．

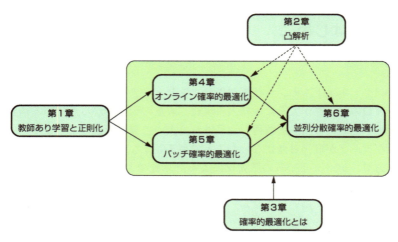

図 0.1　本書の構成

本書の構成

　本書の構成は以下のとおりです．まず，第 1 章で機械学習の基本的問題設定である教師あり学習の枠組みを説明します．特に，正則化学習法について重点的に説明します．第 2 章は確率的最適化の理論的基盤となる凸解析の諸事項を解説します．ここはテクニカルな内容を多く含むので，初見では読み飛ばしてもらって構いません．凸解析は確率的最適化に限らず，一般の凸最適化で中心的な役割を果たすため，なるべく詳細を解説しています．第 3 章では確率的最適化の枠組みの説明を与えています．第 4 章ではオンライン型の確率的最適化技法を紹介します．ここで解説する手法は多くの確率的最適化手法の基本となる方法です．第 5 章ではバッチ型の確率的最適化技法を解説します．バッチ型の手法ではデータ数は固定し，問題の構造を利用することで速い収束を実現できます．この章の内容は比較的新しいトピックで，今現在盛んに研究が進められている領域です．第 6 章では分散並列環境での確率的最適化手法を紹介します．大量データの最適化では分散並列化が非常に有用です．第 4 章および第 5 章で解説した手法の分散並列化を解説します．各章の依存関係を図 0.1 に示します．

　本書を執筆するにあたり，本書の執筆機会と多くの改善点のご指摘をいた

だいた東京大学の杉山将先生，本書の草稿を査読し多くのコメントをいただいた（株）Preferred Infrastructure の岡野原大輔氏および Toyota Technological Institute at Chicago の冨岡亮太氏，本書執筆に際して有益なコメントをいただいた東京工業大学の伊藤勝氏，竹村慧氏，岸本祥吾氏，村田智也氏，そして，本書を担当された講談社サイエンティフィクの瀬戸晶子様には大変お世話になりました．ここに感謝の意を表します．

2015 年 7 月

鈴木 大慈

■ 目　次

■ シリーズの刊行にあたって iii

■ はじめに v

第 1 章　教師あり学習と正則化 1

1.1　教師あり学習 1
　　1.1.1　回帰 3
　　1.1.2　判別 4
　　1.1.3　過学習 6
1.2　正則化学習法 7
1.3　さまざまなスパース正則化 11
　　1.3.1　グループ正則化 11
　　1.3.2　一般化連結正則化 12
　　1.3.3　トレースノルム正則化 12
　　1.3.4　正則化関数の組合せ 13

第 2 章　凸解析の基本事項 15

2.1　凸関数と凸集合 15
2.2　劣微分と双対関数 19
2.3　フェンシェルの双対定理 26
2.4　近接写像 29
2.5　強凸関数と平滑凸関数の性質 34

第 3 章　確率的最適化とは 43

第 4 章　オンライン型確率的最適化 47

4.1　オンライン型確率的最適化の枠組み 47
4.2　オンライン学習と確率的最適化の関係 50
4.3　確率的勾配降下法 (SGD) 51
　　4.3.1　確率的勾配降下法の枠組みとアルゴリズム 52
　　4.3.2　確率的勾配降下法の収束レート 56
　　4.3.3　確率的勾配降下法の収束レート（強凸） 58

x　Contents

　4.3.4　確率的勾配降下法の収束レートの証明（一般形）・・・・・・・・・・・・・・・　60
　4.3.5　確率的鏡像降下法・・・　65
　4.3.6　ネステロフの加速法の適用・・・・・・・・・・・・・・・・・・・・・・・・・・・・・・・・・・・・・・　71
4.4　確率的双対平均化法（SDA）・・・　73
　4.4.1　確率的双対平均化法のアルゴリズムと収束レート・・・・・・・・・・・・・・・　74
　4.4.2　強凸な正則化項における確率的双対平均化法・・・・・・・・・・・・・・・・・・・・　75
　4.4.3　確率的双対平均化法の収束レートの証明（一般形）・・・・・・・・・・・・・　77
　4.4.4　確率的双対平均化法の鏡像降下法への拡張・・・・・・・・・・・・・・・・・・・・・　81
4.5　AdaGrad・・　84
4.6　ミニマックス最適性・・・　89
4.7　オンライン型確率的最適化の汎化誤差について・・・・・・・・・・・・・・・・・・・・・　92

第5章　バッチ型確率的最適化・・・・・・・・・・・・・・・・・・・・・・・・・・・　95

5.1　バッチ型確率的最適化の問題設定・・・・・・・・・・・・・・・・・・・・・・・・・・・・・・・・・・・・　95
5.2　確率的双対座標降下法・・・　97
　5.2.1　確率的双対座標降下法のアルゴリズム・・・・・・・・・・・・・・・・・・・・・・・・・・・　97
　5.2.2　確率的双対座標降下法の収束証明・・・・・・・・・・・・・・・・・・・・・・・・・・・・・・・　103
5.3　確率的分散縮小勾配降下法・・　108
　5.3.1　確率的分散縮小勾配降下法のアルゴリズム・・・・・・・・・・・・・・・・・・・・・・　108
　5.3.2　確率的分散縮小勾配法の収束証明・・・・・・・・・・・・・・・・・・・・・・・・・・・・・・・　111
5.4　確率的平均勾配法・・　115

第6章　分散環境での確率的最適化・・・・・・・・・・・・・・・・・・・・　121

6.1　オンライン型確率的最適化の分散処理・・・・・・・・・・・・・・・・・・・・・・・・・・・・・・・　122
　6.1.1　単純平均・・・　122
　6.1.2　同期型・ミニバッチ法・・　124
　6.1.3　非同期型分散 SGD: Hogwild!・・・・・・・・・・・・・・・・・・・・・・・・・・・・・・・・・・　127
6.2　バッチ型確率的最適化の分散処理：確率的座標降下法・・・・・・・・・・・・・・　132
　6.2.1　主問題における並列座標降下法・・・・・・・・・・・・・・・・・・・・・・・・・・・・・・・・・・　132
　6.2.2　双対問題における並列座標降下法: COCOA・・・・・・・・・・・・・・・・・・・・　135

付録A　・・・　141

A.1　有用な不等式・・　141
A.2　正則化学習法の 1 次最適化法（近接勾配法）・・・・・・・・・・・・・・・・・・・・・・・　142
　A.2.1　平滑でない凸関数の最小化・・・・・・・・・・・・・・・・・・・・・・・・・・・・・・・・・・・・・・・　144
　A.2.2　平滑な凸関数の最小化・・・　145
　A.2.3　平滑な凸関数の最小化: ネステロフの加速法・・・・・・・・・・・・・・・・・・・・　148

■　参考文献・・　157

■　索　引・・　163

Chapter 1

教師あり学習と正則化

本章では，教師あり学習の問題設定を説明します．特に高次元
データの学習で有用なスパース学習の枠組みと正則化学習法に
ついて説明します．

1.1 教師あり学習

機械学習の問題設定は大きく分けて，**教師あり学習**（**supervised learning**）」と**教師なし学習**（**unsupervised learning**）に分けられます[*1]．教師あり学習は画像の判別や遺伝子データからの疾患の予測のように，ある入力 x (特徴量) からそれに対応する出力 y (ラベル) を予測する問題です．画像の判別ですと，x は画像を表すベクトル，y はその画像に写っているオブジェクトというようになります．教師あり学習では，入力に対して教師データ，つまり正解の出力がデータとして与えられるため「教師あり」と呼ばれています．一方，教師なし学習は単語のクラスタリングなど，ある入力 x の分布のみから何らかの情報を抜き出す学習問題です．単語のクラスタリングでは，どの単語とどの単語が同じ文章で出現するかなどの情報から，こちらが設定した規準に従って，単語を分類します．ここで，分類のしかたには教師データが与えられないため「教師なし」と呼ばれています．

本書では主として教師あり学習を念頭において議論を進めます．教師あり学習を実現するための方法はいろいろとありますが，確率的最適化はある規

---

*1 より細かくいえば，「半教師あり学習」や「強化学習」という問題設定も考えられています．

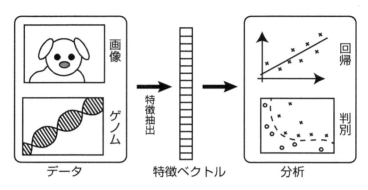

図 1.1 特徴抽出と学習

準で定められた**訓練誤差**(**training error**)を最小化することで実現される学習方法において威力を発揮します．これより，その枠組みを説明します．

機械学習においては，まず画像などの入力データを 1 本のベクトルで表現します．これを**特徴抽出**(**feature extraction**)と呼び，得られたベクトルを**特徴ベクトル**(**feature vector**)と呼びます．入力データが特徴ベクトルとして表現されたら，次にそのベクトルからラベルを予測する関数をデータから学習します（図 1.1）．この関数を学習する段階は，統計学における推定の問題とみなすことができ，応用分野によらない一般的な手法の構築を可能にしています．さて，ラベルを予測する関数をデータから学習する際に，こちらが提案した関数 $f(x)$ が正解のラベル y とどれだけ「近い」かを定量的に測る必要があります．そのために**損失関数**(**loss function**)を用意します．すると，損失関数に応じて訓練誤差を決めることができます．特徴ベクトルの次元を p 次元とし，$\mathcal{X} \subseteq \mathbb{R}^p$ を特徴ベクトルのなす集合，$\mathcal{Y}$ をラベルの集合とします．今，データ $\{(x_i, y_i)\}_{i=1}^n \subseteq \mathcal{X} \times \mathcal{Y}$ が観測されているとして，損失関数 ℓ を用いて関数 $f(x)$ の訓練誤差は次のように定義されます：

$$\sum_{i=1}^n \ell(y_i, f(x_i)).$$

これに対して，未来のデータへのあてはまりを表す**汎化誤差**(**generalization error**)は次のように定義されます：

$$\mathrm{E}_{X,Y}[\ell(Y, f(X))],$$

ただし，期待値は入力と出力の組 (X, Y) の分布に関してとります．基本的には教師あり学習は訓練誤差をなるべく小さくする関数を見つけることで実現することができます．

教師あり学習の代表的な問題は回帰（**regression**）と判別（**classification**）です．それらの問題設定でよく用いられている代表的な損失関数を以下に紹介しましょう．

1.1.1 回帰

回帰はラベルが実数をとる問題（すなわち $\mathcal{Y} = \mathbb{R}$）で，量的な予測をするために用いられます．たとえば，マンションの価格を築年数や駅からの距離，住所などから予測する問題や，さまざまなバイオマーカーから腫瘍の大きさを予測する問題などがあります．回帰で用いられる損失関数には以下のようなものがあります．各損失関数の形は図 1.2 に示してあります．

回帰（$\mathcal{Y} = \mathbb{R}$）（図 1.2 参照）
以下 $y \in \mathbb{R}$, $f \in \mathbb{R}$ とします．

- 二乗損失：
$$\ell(y, f) = (y - f)^2.$$
- τ-分位損失：ある $\tau \in (0, 1)$ に対し
$$\ell(y, f) = (1 - \tau) \max\{f - y, 0\} + \tau \max\{y - f, 0\}.$$
これは分位点回帰に用いられます．
- Huber 損失：ある $\delta > 0$ に対し
$$\ell(y, f) = \begin{cases} (y - f)^2 & (f \in [y - \delta, y + \delta]), \\ 2\delta(|y - f| - \delta/2) & (\text{otherwise}). \end{cases}$$
これはロバスト回帰に用いられます．
- ϵ-感度損失：ある $\epsilon > 0$ に対し

$$\ell(y, f) = \max\{|y - f| - \epsilon, 0\}.$$

これはサポートベクトル回帰に用いられます．

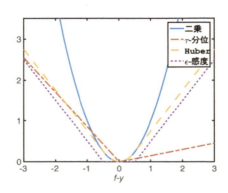

図 1.2　回帰に用いる損失関数

1.1.2　判別

　判別はラベルが離散値をとる問題で，質的な予測をするために用いられます．顔認識や物体認識，音声認識などに用いられます．特に入力を 2 つに分類する判別問題 ($\mathcal{Y} = \{\pm 1\}$) を**二値判別**（**binary classification**）と呼びます．一方で，複数のカテゴリに判別する問題を**多値判別**（**multiclass classification**）と呼びます．二値判別をするためにはある実数値関数 $f(x)$ に対して，$f(x)$ が正なら 1 と判別し $f(x)$ が負なら -1 と判別するといったように，実数値関数を用いてそれの正負で判別することが一般的です．この場合，$f(x)$ は各ラベルの「確からしさ」を表した量になっています．判別の損失関数は，間違ったラベルへ大きな確からしさをもって予測してしまった場合に大きな損失を被るように設計することが多いです．二値判別で用いられる損失関数には以下のようなものがあります．各損失関数の形は図 1.3 に示してあります．

> 二値判別 ($\mathcal{Y} = \{\pm 1\}$) (図 1.3 参照)
> 以下 $y \in \{\pm 1\}$, $f \in \mathbb{R}$ とします.
>
> - 0-1 損失:
> $$\ell(y, f) = \begin{cases} 0 & (y = \text{sign}(f)), \\ 1 & (\text{otherwise}). \end{cases}$$
>
> - ロジスティック損失:
> $$\ell(y, f) = \log(1 + \exp(-yf)).$$
>
> - ヒンジ損失:
> $$\ell(y, f) = \max\{1 - yf, 0\}.$$
>
> - 指数損失:
> $$\ell(y, f) = \exp(-yf).$$
>
> - 平滑化ヒンジ損失:
> $$\ell(y, f) = \begin{cases} 0 & (yf \geq 1), \\ \frac{1}{2} - yf & (yf < 0), \\ \frac{1}{2}(1 - yf)^2 & (\text{otherwise}). \end{cases}$$

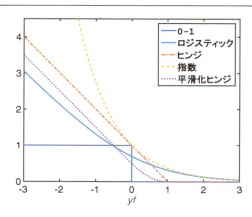

図 1.3 判別に用いる損失関数

判別問題においては判別を誤った割合を数える 0-1 損失を用いるのが妥当ですが，0-1 損失関数は連続関数でも凸関数でもなく最適化がしにくいという問題があります (凸関数の定義は後述の定義 2.2 を参照)．そこで，0-1 損失関数を近似した**代理損失**（**surrogate loss**）を用いることが一般的です．上に挙げた 0-1 損失以外の損失関数はすべて凸関数であり，0-1 損失の代理損失関数です．どれもラベル y と関数 f の出力が同じ符号であれば小さく，一方で符号が間違っているにもかかわらず「確からしさ」f が大きければ損失も大きくなるようになっています．このような代理損失関数を用いても判別問題が解けることが統計的学習理論によって知られています[15]．

1.1.3 過学習

このように設定した損失関数を用いて，データへのあてはまりを定量化し，それをなるべくよくするように関数 $f(x)$ を選択します．しかし，あまりに複雑な関数をデータにあてはめても，今現在手元にある訓練データへのあてはまりばかりよく，未来に観測される未知のデータへのあてはまりは悪くなってしまう**過学習**（**over fitting**）という現象を引き起こしてしまいます (図 1.4)．そのため，訓練データをほどよく説明する適切な複雑さをもつ関数のクラスに学習の範囲を限定する必要があります．このように限定された関数の集合を**仮説集合**（**hypothesis set**），あるいは単に**モデル**（**model**）と呼びます．モデルを $\mathcal{F}$ と書きましょう．過学習は，モデルが複雑な場合に訓練誤差と汎化誤差の間に大きな差が生じてしまうことに起因します．応用上特に重要なモデルとして**線形モデル**（**linear model**）があります．線形モデルはその名のとおり線形関数からなる関数の集合 $\mathcal{F} = \{f(x) = \beta^\top x \mid \beta \in \mathbb{R}^p\}$

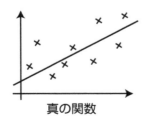
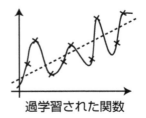

図 1.4　過学習の様子

です．本書では，以後，線形モデルに焦点をあてて話を進めます．

1.2 正則化学習法

　過学習を避ける方法としては，上で述べましたように適切なモデルを選ぶこと以外にも，**正則化（regularization）** という技法があります．モデルの選択も正則化もどちらもデータにあった適切な複雑さの関数を選ぶという点で，本質的には同じです．正則化法はモデルの中で訓練誤差をそのまま最小化するのではなく，その「複雑さ」に応じた罰則を加えて最小化します．その「複雑さ」はどのような構造をデータに想定しているかに依存します．これを**正則化関数（regularization function）** と呼びます．正則化関数を$R(f)$と書くと，一般的な正則化学習法は次のように定式化されます：

$$\min_{f \in \mathcal{F}} \quad \sum_{i=1}^{n} \ell(y_i, f(x_i)) + \lambda R(f),$$

ただし，$\lambda > 0$ は正則化の強さを調整する**正則化パラメータ（regularization parameter）** です．このように，データへのあてはまりを表す第1項（$\sum_{i=1}^{n} \ell(y_i, f(x_i))$）とモデルの複雑さへの罰則である第2項（$R(f)$）をバランスした関数を学習することで過学習を防ぐことができます．

　線形モデル $f(x) = \beta^\top x$ の場合に，$R(f)$ を $R(\beta)$ で表すことにしますと，正則化項として以下のような関数がよく用いられます．

正則化関数の例（図1.5参照）

- リッジ正則化[11]：

$$R(\beta) = \|\beta\|_2^2 := \sum_{j=1}^{p} \beta_j^2.$$

- L_1 正則化[36]：

$$R(\beta) = \|\beta\|_1 := \sum_{j=1}^{p} |\beta_j|.$$

- ブリッジ正則化[8]：ある $\gamma > 0$ を用いて，

$$R(\beta) = \|\beta\|_\gamma^\gamma := \sum_{j=1}^p |\beta_j|^\gamma.$$

- エラスティックネット正則化 [44]：ある $\theta \in [0,1]$ を用いて，

$$R(\beta) = \theta\|\beta\|_1 + (1-\theta)\|\beta\|_2^2.$$

- SCAD (smoothly clipped absolute deviation)[7]：ある $\lambda > 0$ と $a > 1$ を用いて

$$R(\beta) = \sum_{j=1}^p \begin{cases} \lambda|\beta_j| & (|\beta_j| \leq \lambda), \\ -\frac{|\beta_j|^2 - 2a\lambda|\beta_j| + \lambda^2}{2(a-1)} & (\lambda < |\beta_j| \leq a\lambda), \\ \frac{(a+1)\lambda^2}{2} & (|\beta_j| > a\lambda). \end{cases}$$

なお，容易に確認できるように，L_1 正則化はブリッジ正則化において $\gamma = 1$ としたもので，リッジ正則化は $\gamma = 2$ としたものです．特に，ある $q \geq 1$ においては $\|\beta\|_q = (\sum_{j=1}^q |\beta_j|^q)^{\frac{1}{q}}$ はノルムとなり，これを L_q ノルムと呼びます*2．形式的に $q = \infty$ も許し，$\|\beta\|_\infty = \max_{1 \leq j \leq p} |\beta_j|$ と定義し，これを L_∞ ノルムとよびます．なお，$q < 1$ においては $\|\beta\|_q$ はノルムにはなりません．SCAD 正則化は非凸関数ですが，$\beta_j \to \infty$ で勾配が 0 になるため推定量にバイアスが乗りにくいという利点があります．これらの正則化は高次元の学習問題において有用です．線形モデルは最も単純な基本的モデルといえますが，次元が高い場合は線形モデルであっても自由度が高くなり，過学習を起こしてしまいます．そこで，上で挙げたような正則化をかけることで過学習を回避することができます．

L_1 正則化に関して，もう少し詳しく説明しておきましょう．L_1 正則化は学習結果 $\hat{\beta}$ を**スパース**（**sparse**）にさせやすいという性質を持っています．ここで，学習結果 $\hat{\beta}$ が「スパースである」とは $\hat{\beta}$ の「多くの成分が 0 である」という意味です．これは，大雑把にいいますと，予測に必要のない無駄な特徴量を無視していることに対応します．特徴ベクトルの中から，必要な特徴量だけを取り出すことを**特徴選択**（**feature selection**）といいます．

---

*2 本書では $\|\cdot\|$ でユークリッドノルムを表します．すなわち，$\|\beta\| = \|\beta\|_2$ とします．

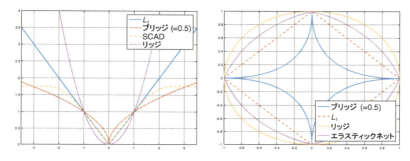

図 1.5 各種正則化関数のグラフ（左）と等高線（右）

どのような意味で「必要」なのかは問題によって異なりますが，教師あり学習の枠組みでは「汎化誤差を最小にする特徴量を選択する」という考え方が自然です．それを実現させる手法として統計学では古くから **赤池情報量規準（Akaike information criterion, AIC）** と呼ばれる手法が用いられてきました．AIC の意味は次のように説明されます．今，損失関数が何らかの **統計モデル（statistical model）** の負の対数尤度を表している場合を考えましょう．たとえば，回帰においてノイズが分散 σ^2 のガウス分布に従っているのなら $\ell(y,f) = -\log\left[\frac{1}{\sqrt{2\pi\sigma^2}}\exp(-\frac{(y-f)^2}{2\sigma^2})\right] = \frac{(y-f)^2}{2\sigma^2} + \log(\sqrt{2\pi\sigma^2})$ なる設定を考えます（σ^2 が既知だとしますと，これは二乗損失と定数倍を除いて同等です）．このとき，赤池情報量規準に則った特徴選択は，次のようになされます：

$$\min_{\beta\in\mathbb{R}^p} 2\sum_{i=1}^n \ell(y_i, x_i^\top \beta) + 2\|\beta\|_0,$$

ここで，$\|\beta\|_0$ は β の非ゼロ要素の数 $|\{j \mid \beta_j \neq 0\}|$ で，L_0 ノルムと呼ばれています[*3]．$\|\beta\|_0$ は選択された特徴量の数といえます．$\|\beta\|_0$ を訓練誤差に足すのは，汎化誤差と訓練誤差の差を補うための補正項です．特徴量の数を罰則として訓練誤差に足すので，学習結果はスパースになる傾向にあります．多くの特徴量を用いれば，それだけ「複雑な」関数をデータにあてはめていることになり，より手元にあるデータにあてはまりやすく，訓練誤差と汎化誤差の乖離が大きくなります．AIC はその乖離を補正するためには $2\|\beta\|_0$

[*3] 正確には $\|\cdot\|_0$ はノルムではありませんが，慣例として「ノルム」と呼んでいます

10   Chapter 1   教師あり学習と正則化

を足せばよいといことを主張しています．実際，p がサンプル数より十分小さい場合，AIC に則って学習された $\hat{\beta}$ は次の性質を持ちます：

$$\frac{1}{n}\mathrm{E}_{\{x_i,y_i\}_{i=1}^n}\left[2\sum_{i=1}^n \ell(y_i, x_i^\top \hat{\beta}) + 2\|\hat{\beta}\|_0\right]$$

$$= \mathrm{E}_{\{x_i,y_i\}_{i=1}^n}\left[\mathrm{E}_{X,Y}\left[2\ell(Y, X^\top \hat{\beta})\right]\right] + O\left(\frac{1}{n^2}\right).$$

左辺は目的関数の訓練データの出方に関する期待値，右辺の第 1 項は汎化誤差の期待値，第 2 項はサンプルサイズ n が増えるにつれ消えてゆく項です．このように，AIC は汎化誤差の不偏推定量になっており，AIC を最小化する推定量は過学習を避けて正しく汎化誤差を小さくさせることができます．しかし，次元 p が大きい場合には上の最適化問題を解くのは非常に時間がかかります．実際，AIC 最小化は組合せ最適化問題となり，NP 困難であることが知られています．

　そこで，L_0 ノルム $\|\cdot\|_0$ の代わりに，L_1 ノルムという**凸関数**（**convex function**）を用いようというのが L_1 正則化の発想です（凸関数の定義は後述の定義 2.2 を参照）．凸関数は局所的最適解が大域的最適解になるという著しい性質を持っているため最適化がしやすく，その意味で非常に重要な関数のクラスです．実際に次の事実が知られています．

定理 1.2.1

　L_1 ノルム（$\|\cdot\|_1$）は $[-1,1]^p$ 上で L_0 ノルム（$\|\cdot\|_0$）を下から抑える最大の凸関数です．

略証． 後述の定理 2.2.2 より，$\psi(\beta) = \|\beta\|_0$（$\beta \in [-1,1]^p$），$\infty$（otherwise）なる関数に 2 回ルジャンドル変換を施した関数 ψ^{**} は ψ を下から抑える最大の凸関数となります．しかも $\psi^{**}(\beta) = \|\beta\|_1$（$\beta \in [-1,1]^p$）が簡単な計算により確認できます．　　　　　　　　　　　　　　　　　　　　□

　このように凸関数を正則化項として用いることで，本書で紹介するような技法が適用でき，精度 ϵ を達成するのに（損失関数の形状に依存しますが）$O(p\epsilon^{-2})$ から $O(p\log(1/\epsilon))$ の計算量で済ませることができます．なお，L_1

正則化を用いた線形回帰手法を **Lasso**（**least absolute shrinkage and selection operator, lasso**）と呼びます [36].

L_1 正則化のようにスパースな学習結果を生む正則化を**スパース正則化**（**sparse regularization**）と呼びます．ブリッジ正則化は $\gamma < 1$ において凸関数ではありませんが，L_0 と L_1 を結ぶ中間的なスパース正則化です．統計的な解析によって，もし汎化誤差を最小化するベクトルが（ほぼ）スパースなら，スパース正則化は高次元学習問題において過学習を回避し，単純な訓練誤差最小化を大幅に改善する性能を有するということがわかっています [2].

1.3　さまざまなスパース正則化

これまで解説してきましたように，スパース正則化は高次元学習問題において非常に強力な手法です．では，L_1 正則化やブリッジ正則化以外にどのようなスパース正則化があるでしょうか．実は「スパース性」を広く捉え，ある種の「低次元性」と考えると，ほかにも様々な正則化が考えられます．ここではそのいくつかを紹介しましょう．

1.3.1　グループ正則化

特徴量がいくつかのグループに分かれていると想定しましょう．このとき，グループには重複があってもなくても構いません（重複がない方が最適化は簡単です）．**グループ正則化**（**group regularization**）は同じグループに属する特徴量をまとめて 1 つの変数のように扱うスパース正則化です．たとえば，遺伝子データですと生物学的に同じような機能を持つ遺伝子群を 1 つのグループにまとめたり，自然言語処理ですと似たような文脈で用いられる単語は同じグループにまとめるといった使い方があります．グループをそれぞれインデックス集合で表し $g_k \subseteq \{1, \ldots, p\}$ $(k = 1, \ldots, M)$ と書きます．インデックス集合 $g \subseteq \{1, \ldots, p\}$ に対し，$\beta \in \mathbb{R}^p$ の部分ベクトル β_g を $\beta_g := (\beta_j)_{j \in g} \in \mathbb{R}^{|g|}$ と定義します．すると，グループ正則化は

$$\|\beta\|_{\mathrm{G}} = \sum_{k=1}^{M} \|\beta_{g_k}\|_2$$

のように表されます. なお, $\|\beta_{g_k}\|_2$ は $\|\beta_{g_k}\|_r$ $(1 < r \le \infty)$ のように, 1 より大きい r に対する L_r ノルムとしてもよいです. グループ正則化はグループの間で L_1 正則化をかけ, グループ内では L_2 ノルムをかける形になっており, 同じグループに属する変数はまとめて 0 になりやすいという特徴があります.

さらに階層化して, グループのグループ $g'_j \subseteq \{1, \ldots, M\}$ $(j = 1, \ldots, N)$ が与えられたとき, 階層型のグループ正則化は $1 < q < r \le \infty$ なる q, r を用いて,

$$\|\beta\|_{G'} = \sum_{k=1}^{N} \left(\sum_{j \in g'_k} \|\beta_{g_j}\|_r^q \right)^{1/q}$$

として与えられます. 特徴量に階層的なグループ構造がある場合は, この階層的グループ正則化が有用です.

1.3.2　一般化連結正則化

一般化連結正則化 (generalized fused regularization) は, あるグラフに関して隣接した変数間は同じ値になるようにさせる正則化です. 今, 特徴量の集合と対応した頂点集合 $V = \{1, \ldots, p\}$ と, その頂点間に適当な枝 E をはったグラフ $G = (V, E)$ が与えられているとします. たとえば, 各特徴量が時系列の $t = 1, \ldots, p$ に対応し, 隣接する時刻では同じ値になってほしいという場合には $E = \{(j, j+1) \mid j = 1, \ldots, p-1\}$ という具合にします. このようなグラフを用いて, 一般化連結正則化は

$$\|\beta\|_{\text{Fused}} = \sum_{(i,j) \in E} |\beta_i - \beta_j|$$

として与えられます.

1.3.3　トレースノルム正則化

トレースノルム正則化 (trace norm regularization) は, 低ランク行列を学習したい場合に現れます. 今, β を並べ替えた行列 $B = (B_{i,j})_{1 \le i \le q, 1 \le j \le r}$ を考え, その k 番目の特異値を $\sigma_k(B) \ge 0$ と表しましょう. すると, トレースノルム正則化は

$$\|B\|_{\mathrm{tr}} = \sum_{k=1}^{\min\{q,r\}} \sigma_j(B)$$

として与えられます．これは特異値を並べたベクトルへの L_1 正則化とみなせるので，スパースな特異値をもつ行列，すなわち低ランクな行列が学習されることになります．トレースノルムは**核ノルム（nuclear norm）**とも呼ばれています．応用例としては，**協調フィルタリング（collaborative filtering）**や**マルチタスク学習（multi-task learning）**などがあります．

1.3.4 正則化関数の組合せ

これまで見てきたように正則化関数には沢山の例があります．これらの正則化関数は単独で用いてよいのですが，応用によっては組み合わせて使いたい場合があります．たとえば，スパースかつ低ランクな行列を学習したい場合は L_1 正則化とトレースノルム正則化を同時に用いて $R(\beta) = \|\beta\|_1 + \|B\|_{\mathrm{tr}}$ のようにすることが考えられます（ここで B は β を並べ替えて得られる行列です）．

正則化関数を組み合わせる方法として，大きく分けて「和型」と「畳み込み型」がよく用いられます．今，複数の正則化関数 $h_1, \ldots, h_K$ があるとしましょう．

●和型：

$$\overline{h}(\beta) = \sum_{k=1}^{K} h_k(\beta).$$

●畳み込み型：

$$\underline{h}(\beta) = \inf_{\substack{\{\beta_k\}_k: \\ \beta = \sum_{k=1}^{K} \beta_k}} \sum_{k=1}^{K} h_k(\beta_k) =: (h_1 \square \cdots \square h_K)(\beta). \tag{1.1}$$

和型はすべての正則化を同時にかけるのに対し，畳み込み型はそれぞれの正則化をつまみ食いして足し合わせるものになっています．たとえば，$h_1(\beta) = \|\beta\|_1$, $h_2(\beta) = \|B\|_{\mathrm{tr}}$ とした場合は，和型は「スパースかつ低ランクな行列」が学習され，畳み込み形では「スパースな行列と低ランクな行列の和」が学習されます．畳み込み型の応用例として，低ランクな行列

14   **Chapter 1**　教師あり学習と正則化

の各成分にスパースなノイズが乗っているときにそれを除去するという問題があります．このような例は画像処理などに現れます．

　この 2 つの形式には以下のようなある種の双対性が成り立っています．

定理 1.3.1

　$h_1, \ldots, h_K$ が凸関数のとき，(適当な条件のもと) 以下の関係が成り立ちます:

$$(h_1 + \cdots + h_K)^*(\beta) = (h_1^* \square \cdots \square h_K^*)(\beta) \quad (\forall \beta \in \mathbb{R}^p).$$

ここで，凸関数 f に対する f^* は f のルジャンドル変換（後述，定義 2.8）を表します．

　より正確な定理の主張と証明は後述の系 2.3.3 で示します．この関係は最適化の双対問題を考える上で有用です．

Chapter 2

凸解析の基本事項

> 確率的最適化の各種技法は凸解析を基盤として，その上に成り
> 立っています．本章では，確率的最適化に必要な凸解析の基本事
> 項を概観します．

　本章では凸解析の基本事項を述べます．特にアルゴリズムの構成において
重要なフェンシェルの双対定理や近接写像，強凸関数と平滑凸関数の導入を
行います．凸解析のより詳細についてはロッカフェラーによる本 [31] を参
照ください．なお，正則化学習法の（確率的でない）最適化法に関しては付
録 A.2 にその基本的事項をまとめてあります．本章はほかの章と比べて数学
的な厳密さを優先させており，テクニカルな内容を多く含みますので，読み
飛ばして後から必要に応じて参照しても構いません．

2.1 凸関数と凸集合

　まずは集合の「凸性」を定義しましょう．

> **定義 2.1（凸集合）**
>
> 集合 $C \subseteq \mathbb{R}^p$ が以下の性質を満たすとき，C を**凸集合**（**convex set**）と呼びます：
>
> $$x, y \in C \;\Rightarrow\; \theta x + (1-\theta) y \in C, \;\; (\forall \theta \in [0, 1]).$$

定義からわかるように，その集合内の2点を結ぶ直線が集合の外にはみ出ないものを凸集合と呼びます（図 2.1）．

次いで，凸関数を次のように定義します．

> **定義 2.2（凸関数（convex function））**
>
> 関数 $f : \mathbb{R}^p \to \mathbb{R} \cup \{\infty\}$ が以下の性質を満たすとき，f を**凸関数**と呼びます：
>
> $$f(\theta x + (1-\theta) y) \leq \theta f(x) + (1-\theta) f(y)$$
> $$(\forall \theta \in [0, 1], \forall x, y \in \mathbb{R}^p),$$
>
> ただし，$\infty + \infty = \infty, a < \infty \; (\forall a \in \mathbb{R}), \infty \leq \infty$ とします．

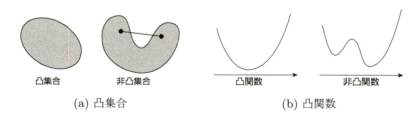

(a) 凸集合　　　　　　　　　(b) 凸関数

図 2.1　凸集合と凸関数

定義 2.3（エピグラフ）

関数 $f: \mathbb{R}^p \to \mathbb{R} \cup \{\infty\}$ のエピグラフ（**epigraph**）は，

$$\mathrm{epi}(f) = \{(x, \mu) \in \mathbb{R}^{p+1} \mid f(x) \leq \mu\}$$

で定義されます．

すぐに確認できるように，定義 2.2 から関数 f が凸関数であることは $\mathrm{epi}(f)$ が凸集合であることと同値です．

定義 2.4（実効定義域）

関数 $f: \mathbb{R}^p \to \mathbb{R} \cup \{\infty\}$ の実効定義域（**domain**）は，

$$\mathrm{dom}(f) = \{x \in \mathbb{R}^p \mid f(x) < \infty\}$$

で定義されます．

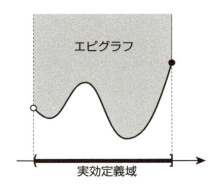

図 2.2 エピグラフと実効定義域

以上の用語を用いて，我々が実際の応用で興味がある凸関数を特徴づけましょう．

18　**Chapter 2** 凸解析の基本事項

> **定義 2.5 (真凸関数, 閉凸関数)**
>
> 関数 $f : \mathbb{R}^p \to \mathbb{R} \cup \{\infty\}$ を凸関数とします.
>
> - $\operatorname{dom}(f) \neq \emptyset$ のとき, f を**真凸関数** (**proper convex function**) と呼びます.
> - $\operatorname{epi}(f)$ が閉集合のとき, f を**閉凸関数** (**closed convex function**) と呼びます.

　この本では主に凸関数として真閉凸関数を扱い, 何も指定せずに凸関数といった場合には真閉凸関数を指すものとします.

　さて, 凸関数よりも強い凸性を持つ関数を次のように定義します[*1].

> **定義 2.6 (狭義凸関数, 強凸関数)**
>
> 　(真とも閉とも限らない) 凸関数 $f : \mathbb{R}^p \to \mathbb{R} \cup \{\infty\}$ が**狭義凸関数** (**strictly convex function**) であるとは
>
> $$f(\theta x + (1 - \theta)y) < \theta f(x) + (1 - \theta)f(y)$$
> $$(\forall \theta \in (0, 1), \forall x, y \in \operatorname{dom}(f))$$
>
> を満たすことと定義されます. さらに $\mu > 0$ に対し次が満たされているとき, **μ-強凸関数** (**strongly convex function**) といいます:
>
> $$\frac{\mu}{2}\theta(1 - \theta)\|x - y\|^2 + f(\theta x + (1 - \theta)y) \leq \theta f(x) + (1 - \theta)f(y)$$
> $$(\forall \theta \in (0, 1), \forall x, y \in \operatorname{dom}(f)).$$

　強凸性は凸関数の「曲がり具合」を規定していますが, 凸関数の「滑らかさ」を次のように定義します.

[*1]　本書では特に断らない限りユークリッド距離を考え, $\|x\| = \sqrt{x^\top x}$ とします.

> **定義 2.7（平滑凸関数）**
>
> 実数値凸関数 $f : \mathbb{R}^p \to \mathbb{R}$ が γ-平滑凸関数（**smooth convex function**）であるとは，f が $\forall x \in \mathbb{R}^p$ で微分可能で，
>
> $$\|\nabla f(x) - \nabla f(y)\| \leq \gamma \|x - y\|$$
>
> を満たすことと定義されます．

実は強凸関数と平滑凸関数は互いに双対の関係にあることが後で示されます（定理 2.5.8）．$f(x) = x^2$ は強凸かつ平滑です．$f(x) = \log(1 + \exp(-x))$ は平滑ですが強凸ではありません．$f(x) = |x| + x^2$ は強凸ですが平滑ではありません．

2.2 劣微分と双対関数

> **定義 2.8（共役関数，ルジャンドル変換）**
>
> $\mathrm{dom}(f) \neq \emptyset$ なる（凸とは限らない）関数 $f : \mathbb{R}^p \to \mathbb{R} \cup \{\infty\}$ の凸共役関数（**convex conjugate function**）は，
>
> $$f^*(y) = \sup_{x \in \mathbb{R}^p} \{\langle x, y \rangle - f(x)\}$$
>
> と定義されます．関数 f からその共役関数 f^* への写像を**ルジャンドル変換**（**Legendre transform**）と呼びます．

共役関数は関数を傾きの情報から眺めたものといい換えることができます（図 2.3）．sup の中身の関数（の符号を反転させたもの）を $f_{[y]}(x) = f(x) - \langle x, y \rangle$ としますと，これは点 x で $f(x)$ なる値をとる傾き y の直線の $x = \mathbf{0}$ での値とみなせます．仮に f が微分可能であるとすると，sup の中身を x で微分することで，最適な x^* は $\nabla(\langle x, y \rangle - f(x))|_{x=x^*} = y - \nabla f(x^*) = \mathbf{0}$ を満たします．よって，傾きが y になる点 $f(x^*)$ で接線を引き，それの $x = \mathbf{0}$ での切片を求めれば，それが $-f^*(y)$ になっています．

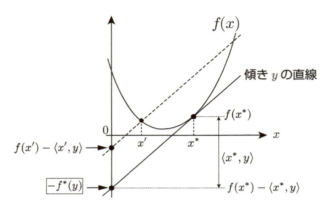

図 2.3 凸共役関数（ルジャンドル変換）．

> **補題 2.2.1**
>
> $\mathrm{dom}(f) \neq \emptyset$ なる関数 $f: \mathbb{R}^p \to \mathbb{R} \cup \{\infty\}$ の凸共役関数 f^* は凸関数です．

証明． 共役関数の定義より，

$$f^*(\theta y_1 + (1-\theta)y_2)$$
$$= \sup_{x \in \mathbb{R}^p} \{\langle \theta y_1 + (1-\theta)y_2, x \rangle - f(x)\}$$
$$= \sup_{x \in \mathbb{R}^p} \{\theta(\langle y_1, x \rangle - f(x)) + (1-\theta)(\langle y_2, x \rangle - f(x))\}$$
$$\leq \sup_{x \in \mathbb{R}^p} \{\theta(\langle y_1, x \rangle - f(x))\} + \sup_{x \in \mathbb{R}^p} \{(1-\theta)(\langle y_2, x \rangle - f(x))\}$$
$$= \theta f^*(y_1) + (1-\theta) f^*(y_2)$$

です．よって凸関数であることが示されました． □

共役関数にまつわる事実を述べるためにいくつかの言葉を定義しましょう．

凸包 (convex hull)： 集合 $C \subseteq \mathbb{R}^p$ の凸包は C を含む最小の凸集合です．これを $\mathrm{conv}(C)$ と書きます．凸包は $\mathrm{conv}(C) = \{x = \sum_{i=1}^{m} \theta_i x'_i \in \mathbb{R}^p \mid$

$\theta_i \geq 0,\ \sum_{i=1}^{m} \theta_i = 1,\ x_i' \in C,\ m = 1, 2, \dots\}$ で与えられることが知られています. ある（凸とは限らない）関数 $f : \mathbb{R}^p \to \mathbb{R} \cup \{\infty\}$ に対し, f のエピグラフの凸包 $(\mathrm{conv}(\mathrm{epi}(f)))$ をエピグラフとする凸関数を f の凸包と定義し, $\mathrm{conv}(f)$ と書きます.

閉包（closure）: 集合 $C \subseteq \mathbb{R}^p$ の閉包とは, 集合 C を含む最小の閉集合です. これを $\mathrm{cl}(C)$ と書きます. また, 凸関数 $f : \mathbb{R}^p \to \mathbb{R} \cup \{\infty\}$ の閉包を, f のエピグラフの閉包 $(\mathrm{cl}(\mathrm{epi}(f)))$ をエピグラフとする閉凸関数と定義し, $\mathrm{cl}(f)$ と書きます.

アフィン集合（Affine set）: 集合 $A \subseteq \mathbb{R}^p$ がアフィン集合であるとは, A に含まれる任意の 2 点 $x, y \in A$ に対して, $\lambda x + (1 - \lambda)y$ がすべての $\lambda \in \mathbb{R}$ において A に含まれるような集合です. いい換えれば, 集合内の任意の 2 点を通る直線がその集合からはみ出ない集合です. 線形空間の原点をずらした集合ということもできます.

アフィン包（Affine hull）: 集合 $C \subseteq \mathbb{R}^p$ を含む最小のアフィン集合をそのアフィン包と呼びます.

相対的内点（relative interior）: 凸集合 $C \subseteq \mathbb{R}^p$ のアフィン包を A とします. ある $\epsilon > 0$ が存在して, $\{x' \mid \|x' - x\| \leq \epsilon\} \cap A \subseteq C$ となるような $x \in C$ の集合を C の相対的内点といい, $\mathrm{ri}(C)$ と書きます. つまり, アフィン包から誘導される相対的位相に関する C の内点集合です *2.

定理 2.2.2

$\mathrm{dom}(f) \neq \emptyset$ なる（凸とは限らない）関数 $f : \mathbb{R}^p \to \mathbb{R} \cup \{\infty\}$ に対し, f^{**} は f の閉凸包となります: $f^{**} = \mathrm{cl}(\mathrm{conv}(f))$.

証明. 関数 f の閉凸包は, f を下から抑えるアフィン関数の各点での最大値であることが知られています (図 2.4 参照):

$$\mathrm{cl}(\mathrm{conv}(f))(x)$$
$$= \sup\{\langle x, y \rangle + \mu \mid y \in \mathbb{R}^p,\ \mu \in \mathbb{R}\ \text{s.t.}\ \langle x', y \rangle + \mu \leq f(x')\ (\forall x')\}. \quad (2.1)$$

---

*2 たとえば 2 次元確率単体 $C = \{x \in \mathbb{R}^3 \mid x_i \geq 0, \sum_{i=1}^{3} x_i = 1\}$ は 3 次元空間の集合としては内点を持ちませんが, 相対的内点は $\mathrm{ri}(C) = \{x \in \mathbb{R}^3 \mid x_i > 0, \sum_{i=1}^{3} x_i = 1\}$ となります.

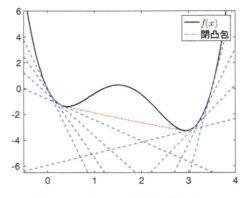

図 2.4 ルジャンドル変換と閉凸包の関係

このことは既知として，証明を進めます．

定義より，

$$f^{**}(x) = \sup_{y \in \mathbb{R}^p} \left\{ \langle x, y \rangle - f^*(y) \right\}$$
$$= \sup_{y \in \mathbb{R}^p} \left\{ \langle x, y \rangle - \sup_{x' \in \mathbb{R}^p} \left\{ \langle x', y \rangle - f(x') \right\} \right\}$$
$$= \sup_{y \in \mathbb{R}^p} \left\{ \langle x, y \rangle + \inf_{x' \in \mathbb{R}^p} \left\{ \langle -x', y \rangle + f(x') \right\} \right\}$$

です．ここで，$\mu^* = \inf_{x' \in \mathbb{R}^p} \{ \langle -x', y \rangle + f(x') \}$ とすれば，$\mu^* \leq \langle -x', y \rangle + f(x')$ ($\forall x' \in \mathbb{R}^p$) であり，かつ $\mu^* = \sup\{ \mu \in \mathbb{R} \mid \langle x', y \rangle + \mu \leq f(x')\ (\forall x' \in \mathbb{R}^p) \}$ がすぐにわかります．このことより，

$$f^{**}(x) = \sup\{ \langle x, y \rangle + \mu \mid y \in \mathbb{R}^p, \mu \in \mathbb{R} \text{ s.t. } \langle x', y \rangle + \mu \leq f(x')\ (\forall x' \in \mathbb{R}^p) \}$$

となります．これは式 (2.1) より $\mathrm{cl}(\mathrm{conv}(f))(x)$ に等しいとわかります．□

上の定理をいい換えれば，ある関数 f に対し，ルジャンドル変換を 2 回施した関数 f^{**} はもとの関数 f を下から抑える最大の閉凸関数になります．f^{**} が f の閉凸包となる様子を図 2.4 に示します．

2.2 劣微分と双対関数

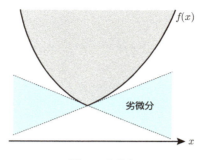

図 2.5 劣微分

系 2.2.3

真閉凸関数の集合とその共役関数の集合はルジャンドル変換によって 1 対 1 対応の関係にあります．

このことより，共役関数は真閉凸関数を傾きの情報から眺めた「もう 1 つの姿」ということができます．さて，これまで「傾き」という言葉を使ってきましたが，これを厳密に定義しましょう．応用上，L_1 ノルムのような微分不可能な点を持つ凸関数を扱う必要があるので，微分を拡張した概念が必要です．そこで出てくるのが**劣微分**（**subdifferential**）という概念です．

定義 2.9（劣微分）

真凸関数 $f : \mathbb{R}^p \to \mathbb{R} \cup \{\infty\}$ の $x \in \mathrm{dom}(f)$ における劣微分とは，

$$\partial f(x) = \{g \in \mathbb{R}^p \mid \langle x' - x, g \rangle + f(x) \leq f(x') \ (\forall x' \in \mathbb{R}^p)\}$$

と定義されます．特に劣微分の元を**劣勾配**（**subgradient**）と呼びます．

なお，一般には劣勾配は必ずしも存在するとは限りません．実際，実効定義域の境界で劣微分が空集合になる例が作れます．ただし，$\mathrm{ri}(\mathrm{dom}(f))$ 上では常に劣勾配が存在する（劣微分可能である）ことが知られています．以下に劣微分の性質を列挙しましょう．

24   **Chapter 2**   凸解析の基本事項

劣微分の性質

- 真凸関数 $f(x)$ が x で微分可能なら劣微分はただ 1 つの元 $\nabla f(x) = (\frac{\partial f(x)}{\partial x_1}, \ldots, \frac{\partial f(x)}{\partial x_p})^\top$ からなる集合になります.
- 真凸関数 f, h が $\mathrm{ri}(\mathrm{dom}(f)) \cap \mathrm{ri}(\mathrm{dom}(h)) \neq \emptyset$ を満たすとき, $\forall x \in \mathrm{dom}(f) \cap \mathrm{dom}(h)$ で

$$\partial(f + h)(x) = \partial f(x) + \partial h(x) = \{g + g' \mid g \in \partial f(x),\ g' \in \partial h(x)\} \tag{2.2}$$

  が成り立ちます.
- f を真凸関数とすると, $\forall x, x' \in \mathrm{dom}(f)$, $\forall g \in \partial f(x)$, $\forall g' \in \partial f(x')$ に対して,

$$\langle g - g', x - x' \rangle \geq 0. \tag{2.3}$$

- f を真閉凸関数とすると, $\forall x \in \mathrm{dom}(f)$ において,

$$\lceil y \in \partial f(x) \rfloor \Leftrightarrow \lceil f(x) + f^*(y) = \langle x, y \rangle \rfloor \Leftrightarrow \lceil x \in \partial f^*(y) \rfloor. \tag{2.4}$$

証明. 最後の性質についてのみ証明を与えましょう. これは,

$$y \in \partial f(x)$$
$$\Leftrightarrow \quad \forall x',\ f(x') \geq f(x) + \langle y, x' - x \rangle$$
$$\Leftrightarrow \quad \langle y, x \rangle - f(x) = \sup_{x'}\{\langle y, x' \rangle - f(x')\}$$
$$\Leftrightarrow \quad \langle y, x \rangle - f(x) = f^*(y),$$

であることと, $f^{**} = f$ より示されます.   □

　共役関数の定義より,

$$f(x) + f^*(y) \geq \langle x, y \rangle$$

は常に成り立ちます. これを**ヤング・フェンシェルの不等式**（**Young-Fenchel's inequality**）と呼びます. 上で示したことより, ヤング・フェンシェルの不等式で等号が成り立つとき x と y は劣微分で結ばれ, かつ互いが互いのルジャンドル変換を与えることがわかります.

2.2 劣微分と双対関数　25

共役関数の性質として，次の事実が成り立ちます.

定理 2.2.4

真凸関数 $f : \mathbb{R}^p \to \mathbb{R} \cup \{\infty\}$ に対し，$\alpha \neq 0$，$\beta \in \mathbb{R}^p$，$C > 0$ を用いて $f_{\alpha,\beta,C}(x) = Cf(\alpha x + \beta)$ とします. このとき，

$$f_{\alpha,\beta,C}^*(y) = Cf^*\left(\frac{y}{\alpha C}\right) - \frac{\langle \beta, y \rangle}{\alpha},$$

が成り立ちます.

以下に各種凸関数の共役関数を列挙しましょう.

凸共役関数の例

- $f(x) = \frac{1}{2}x^2$:

$$f^*(y) = \frac{1}{2}y^2.$$

- $f(x) = \max\{1 - x, 0\}$:

$$f^*(y) = \begin{cases} y & (-1 \leq y \leq 0), \\ \infty & (\text{otherwise}). \end{cases}$$

- $f(x) = \log(1 + \exp(-x))$:

$$f^*(y) = \begin{cases} (-y)\log(-y) + (1+y)\log(1+y) & (-1 \leq y \leq 0), \\ \infty & (\text{otherwise}). \end{cases}$$

- $f(x) = \|x\|_1$:

$$f^*(y) = \begin{cases} 0 & (\max_j |y_j| \leq 1), \\ \infty & (\text{otherwise}). \end{cases}$$

- $f(x) = \sum\limits_{j=1}^{p} x_j^\gamma \ (\gamma > 1)$:

$$f^*(y) = \sum_{j=1}^{p} \frac{\gamma - 1}{\gamma^{\frac{\gamma}{\gamma-1}}} y_j^{\frac{\gamma}{\gamma-1}}.$$

- $f(x) = \|x\|_\gamma \ (\gamma > 1)$: $\frac{1}{\gamma} + \frac{1}{q} = 1$ なる q を用いて，

$$f^*(y) = \begin{cases} 0 & (\|y\|_q \leq 1), \\ \infty & (\text{otherwise}). \end{cases}$$

2.3 フェンシェルの双対定理

凸解析の極めて重要な結果であるフェンシェルの双対定理を紹介しましょう.

定理 2.3.1

フェンシェルの双対定理 (Fenchel's duality theorem)

$f : \mathbb{R}^p \to \mathbb{R} \cup \{\infty\}$, $g : \mathbb{R}^q \to \mathbb{R} \cup \{\infty\}$ を真閉凸関数とします. $A \in \mathbb{R}^{q \times p}$ に対し,次のいずれかが成り立っているとします:

(a) $x \in \mathrm{ri}(\mathrm{dom}(f))$ かつ $Ax \in \mathrm{ri}(\mathrm{dom}(g))$ なる $x \in \mathbb{R}^p$ が存在する.

(b) $A^\top y \in \mathrm{ri}(\mathrm{dom}(f^*))$ かつ $-y \in \mathrm{ri}(\mathrm{dom}(g^*))$ なる $y \in \mathbb{R}^q$ が存在する.

このとき,

$$\inf_{x \in \mathbb{R}^p} \{f(x) + g(Ax)\} = \sup_{y \in \mathbb{R}^q} \{-f^*(A^\top y) - g^*(-y)\}$$

が成り立ちます. ここで,(a) が満たされているときは右辺の sup を達成する $y^* \in \mathbb{R}^q$ が存在し,(b) が満たされているときは左辺の inf を達成する $x^* \in \mathbb{R}^p$ が存在します. また,両辺に最適解が存在するとき,x^*, y^* がそれぞれ左辺,右辺の最適解であるための必要十分条件は

$$A^\top y^* \in \partial f(x^*), \quad Ax^* \in \partial g^*(-y^*)$$

が成り立つことです. これを **KKT 条件** (**Karush-Kuhn-Tucker condition**) と呼びます.

略証. 簡単のため，両辺の最適解 x^*, y^* が存在し条件 (a) が成り立っていると仮定して証明をします．ヤング・フェンシェルの不等式より，$\forall x, y$ で次が成り立ちます：

$$f(x) + g(Ax) \geq \{\langle A^\top y, x \rangle - f^*(A^\top y)\} + \{\langle -y, Ax \rangle - g^*(-y)\}$$
$$= -f^*(A^\top y) - g^*(-y).$$

(これを弱双対性と呼びます)．$h(x) = g(Ax)$ とします．x^* は $f(x) + g(Ax) \geq f(x^*) + g(Ax^*)$ $(\forall x)$ を満たすため，$\mathbf{0} \in \partial(f + h)(x^*)$ です．今，条件 (a) のもと $\partial h(x^*) = A^\top \partial g(Ax^*)(= \{A^\top y \mid y \in \partial g(Ax^*)\})$ となることが知られています（[31] の Theorem 23.9）．また，Image(A) を A の像とすると $A\text{ri}(\text{dom}(h)) = \text{ri}(A\text{dom}(h)) = \text{ri}(\text{dom}(g) \cap \text{Image}(A)) = \text{ri}(\text{dom}(g)) \cap \text{Image}(A)$（[31] の Theorem 6.6 と Corollary6.5.1）なので条件 (a) のもと，劣微分の性質より $\partial(f + h)(x^*) = \partial f(x^*) + \partial h(x^*)$ です．これらより，ある $y \in \partial g(Ax^*)$ が存在して，$-A^\top y \in \partial f(x^*)$ です．すると，劣微分の性質より，

$$f(x^*) + g(Ax^*) = \{f(x^*) - \langle x^*, -A^\top y \rangle\} + \{g(Ax^*) - \langle Ax^*, y \rangle\}$$
$$= -f^*(-A^\top y) - g^*(y)$$

となります．よって，弱双対性とあわせて inf = sup となります．このことより，x^*, y^* が $f(x^*) + g(Ax^*) = -f^*(-A^\top y^*) - g^*(y^*)$ なる等式を満たすとき，またそのときに限り，x^*, y^* は最適解で，さらに劣微分の性質よりその必要十分条件は KKT 条件を満たすことです．$\qquad\square$

　今，$\inf_x \{f(x) + g(Ax)\}$ なる最適化問題を解きたいとき，これを**主問題**（**primal problem**）と呼び，フェンシェルの双対定理から導かれる等価な問題 $\sup_y \{-f^*(A^\top y) - g^*(-y)\}$ を**双対問題**（**dual problem**）と呼びます．問題によっては共役関数の方が扱いやすく，双対問題を解く方が簡単な場合があります．また，アルゴリズムの途中で主問題と双対問題の途中解，双方が得られているとき，主問題と双対問題の目的関数の差を求めることで，それらがどれだけ最適値に近いかの保証が得られます．最適解を知らなくても現在の目的関数の値がどれだけ最適値に近いかがわかってしまうという点で，フェンシェルの双対定理は非常に強力な道具であることがわかります．

28　**Chapter 2**　凸解析の基本事項

なお，主問題と双対問題の目的関数の差を**双対ギャップ**（**duality gap**）と
呼びます．

　フェンシェル双対定理を用いて，和と畳み込みの共役性について示します．

系 2.3.2

　　真閉凸関数 $f, g : \mathbb{R}^p \to \mathbb{R} \cup \{\infty\}$ が次のいずれかを満たしている
とします:

(a) $x \in \mathrm{ri}(\mathrm{dom}(f))$ かつ $x \in \mathrm{ri}(\mathrm{dom}(g))$ なる $x \in \mathbb{R}^p$ が存在する.

(b) $y \in \mathrm{ri}(\mathrm{dom}(f^*))$ かつ $-y \in \mathrm{ri}(\mathrm{dom}(g^*))$ なる $y \in \mathbb{R}^q$ が存在
する.

すると，f と g の和の共役関数は，それぞれの共役関数の畳み込み
となります:

$$(f + g)^*(y) = (f^* \square g^*)(y) \quad (\forall y \in \mathbb{R}^p).$$

証明. まず，$f_{[y]}(x) := f(x) - \langle x, y \rangle$ のルジャンドル変換を求めてみます:

$$
\begin{aligned}
f_{[y]}^*(y') &= \sup_{x \in \mathbb{R}^p} \{\langle x, y' \rangle - f_{[y]}(x)\} \\
&= \sup_{x \in \mathbb{R}^p} \{\langle x, y' \rangle - (f(x) - \langle x, y \rangle)\} \\
&= \sup_{x \in \mathbb{R}^p} \{\langle x, y' + y \rangle - f(x)\} \\
&= f^*(y + y'). \tag{2.5}
\end{aligned}
$$

よって，フェンシェルの双対定理より

$$
\begin{aligned}
&(f + g)^*(y) \\
&= \sup_{x \in \mathbb{R}^p} \{\langle x, y \rangle - f(x) - g(x)\} \\
&= -\inf_{x \in \mathbb{R}^p} \{f(x) - \langle x, y \rangle + g(x)\} \\
&= -\sup_{y' \in \mathbb{R}^p} \left\{ -f_{[y]}^*(y') - g^*(-y') \right\} \quad (\because \text{フェンシェルの双対定理}) \\
&= -\sup_{y' \in \mathbb{R}^p} \{-f^*(y' + y) - g^*(-y')\} \quad (\because \text{式 (2.5)})
\end{aligned}
$$

$$= \inf_{y' \in \mathbb{R}^p} \{f^*(y' + y) + g^*(-y')\} = (f^* \square g^*)(y)$$

となるので，題意を得ます． □

この系を用いて，定理 1.3.1 の証明を与えます．

> **系 2.3.3 (定理 1.3.1 (再掲))**
>
> 真凸関数 $h_1, \ldots, h_K$ が $\mathrm{ri}(\mathrm{dom}(h_1)) \cap \cdots \cap \mathrm{ri}(\mathrm{dom}(h_K)) \neq \emptyset$ を満たすとき，
>
> $$(h_1 + \cdots + h_K)^*(\beta) = (h_1^* \square \cdots \square h_K^*)(\beta) \quad (\forall \beta \in \mathbb{R}^p).$$

定理 1.3.1 の証明. 系 2.3.2 を $f(\beta) = h_1(\beta)$, $g(\beta) = h_2(\beta) + \cdots + h_K(\beta)$ として適用すると $(h_1 + (h_2 + \cdots + h_K))^*(\beta) = (h_1^* \square (h_2 + \cdots + h_K)^*)(\beta)$ を得ます．再帰的に同様の議論を $h_k + \cdots + h_K$ $(k \geq 2)$ にもあてはめれば題意を得ます． □

2.4 近接写像

機械学習における確率的最適化では，近接勾配法（付録 A.2）に代表されるように**近接写像（proximal mapping）**が重要な役割を果たします．ここでは，その近接写像について説明しましょう．$f : \mathbb{R}^p \to \mathbb{R} \cup \{\infty\}$ を真閉凸関数とします．これに対して，近接写像 $\mathrm{prox}_f : \mathbb{R}^p \to \mathbb{R}^p$ は

$$\mathrm{prox}_f(x) := \operatorname*{argmin}_{q \in \mathbb{R}^p} \left\{ f(q) + \frac{1}{2} \|x - q\|^2 \right\}$$

と定義されます．これは，ちょうど集合への射影の拡張になっています．今，$C \subseteq \mathbb{R}^p$ を凸集合とし δ_C をその**標示関数（indicator function）**，すなわち，$\delta_C(x) = 0$ $(x \in C)$, $\delta_C(x) = \infty$ $(x \notin C)$ とします．このとき，定義からすぐにわかるように

$$\mathrm{prox}_{\delta_C}(x) = \operatorname*{argmin}_{q \in C} \|x - q\|^2$$

となります．これは x の凸集合 C への射影にほかなりません．

近接写像は写像としてきちんと矛盾なく定義されています. f は真閉凸関数でかつ $\frac{\|x-q\|^2}{2}$ は強凸関数ですので目的関数 $g_x(q) = f(q) + \frac{1}{2}\|x-q\|^2$ は q の関数として強凸な真閉凸関数です. よって, 後述の補題 2.5.4 から $g_x(q)$ の最小化元は存在して一意に決まります.

機械学習における確率的最適化では, 近接写像は正則化関数について用いられることが多いです. ここにいくつかの例を挙げておきましょう.

近接写像の例

- $f(x) = \lambda\|x\|_1$ ($\lambda > 0$):

$$\text{prox}_f(x) = (\text{sign}\,(x_j)\max\{|x_j| - \lambda, 0\})_{j=1}^p.$$

ただし, $\text{ST}_\lambda(x_j) := \text{sign}\,(x_j)\max\{|x_j| - \lambda, 0\}$ のことを**ソフトしきい値関数**(**soft thresholding function**)と呼びます.

- $f(x) = \lambda\|x\|^2$ ($\lambda > 0$):

$$\text{prox}_f(x) = \frac{x}{2\lambda + 1}.$$

- $f(X) = \lambda\|X\|_{\text{tr}}$ ($\lambda > 0$)($\|\cdot\|_{\text{tr}}$ の定義は 1.3.3 節を参照): X の特異値分解を $X = U^\top \Sigma V$ とします. ただし, U, V は $UU^\top = I$, $VV^\top = I$ を満たし, $\Sigma = \text{diag}(\sigma_1, \ldots, \sigma_r) \succeq O$ とします. すると,

$$\text{prox}_f(X) = U^\top \begin{pmatrix} \text{ST}_\lambda(\sigma_1) & & O \\ & \ddots & \\ O & & \text{ST}_\lambda(\sigma_r) \end{pmatrix} V.$$

以下, 近接写像の性質を述べてゆきます. 近接写像には**モーロー分解**(**Moreau decomposition**)と呼ばれる特徴づけが可能です. そのため, 先の畳み込みの記法を思い出しましょう(式 (1.1) を参照):

$$(f\square g)(x) := \inf_{y\in\mathbb{R}^p} \{f(y) + g(x - y)\}.$$

2.4 近接写像　31

> **補題 2.4.1**
>
> $f, g : \mathbb{R}^p \to \mathbb{R} \cup \{\infty\}$ を真凸関数とします. すると, $f \square g$ も真凸関数で $\mathrm{dom}(f \square g) = \mathrm{dom}(f) + \mathrm{dom}(g)(= \{x + y \mid x \in \mathrm{dom}(f),\ y \in \mathrm{dom}(g)\})$ です.

証明. 任意の $x' + y' \in \{x + y \mid x \in \mathrm{dom}(f),\ y \in \mathrm{dom}(g)\}(\neq \emptyset)$ において, $(f \square g)(x' + y') \le f(x') + g(y') < \infty$ なので, $\mathrm{dom}(f \square g) \supseteq \mathrm{dom}(f) + \mathrm{dom}(g)$ です. 一方で, 任意の $x \in \mathrm{dom}(f \square g)$ に対して, ある $y \in \mathbb{R}^p$ が存在して, $(f \square g)(x) \le f(y) + g(x - y) < \infty$ です. さもなくば $(f \square g)(x) = \infty$ となります. このとき, $f, g > -\infty$ より $y \in \mathrm{dom}(f),\ x - y \in \mathrm{dom}(g)$ がわかります. よって $\mathrm{dom}(f \square g) \subseteq \mathrm{dom}(f) + \mathrm{dom}(g)$ です.

凸性を示しましょう. $x_1, x_2 \in \mathrm{dom}(f \square g),\ \theta \in (0, 1)$ に対し,

$$(f \square g)(\theta x_1 + (1 - \theta)x_2)$$
$$= \inf_{y \in \mathbb{R}^p} \{f(y) + g(\theta x_1 + (1 - \theta)x_2 - y)\}$$
$$= \inf_{y_1, y_2 \in \mathbb{R}^p} \{f(\theta y_1 + (1 - \theta)y_2) + g(\theta(x_1 - y_1) + (1 - \theta)(x_2 - y_2))\}$$
$$\le \inf_{y_1, y_2 \in \mathbb{R}^p} \{\theta f(y_1) + (1 - \theta)f(y_2) + \theta g(x_1 - y_1) + (1 - \theta)g(x_2 - y_2)\}$$
$$= \theta \inf_{y_1 \in \mathbb{R}^p} \{f(y_1) + g(x_1 - y_1)\} + (1 - \theta) \inf_{y_2 \in \mathbb{R}^p} \{f(y_2) + g(x_2 - y_2)\}$$
$$= \theta(f \square g)(x_1) + (1 - \theta)(f \square g)(x_2)$$

となり, 示されました. □

今, $w(x) = \frac{1}{2}\|x\|^2$ とすれば, 畳み込みの記法を用いて,

$$\min_q \left\{ f(q) + \frac{1}{2}\|x - q\|^2 \right\} = (f \square w)(x)$$

と書くことができます. $f \square w$ のことを f の**モーロー包**（**Moreau envelope**）と呼びます. すると, 次の定理が成り立ちます.

32   **Chapter 2**   凸解析の基本事項

補題 2.4.2 (モーロー分解)

真閉凸関数 $f : \mathbb{R}^p \to \mathbb{R} \cup \{\infty\}$ に対し,

$$(f \square w)(x) + (f^* \square w)(x) = w(x) \qquad (\forall x \in \mathbb{R}^p)$$

であり, かつ

$$x = \text{prox}_f(x) + \text{prox}_{f^*}(x) \qquad (\forall x \in \mathbb{R}^p)$$

が成り立ちます.

モーロー分解によって, 近接写像の計算をその共役関数における近接写像の計算に変換することが可能です. これは実用上, 有用な性質です.

また, モーロー包についての次の事実は重要です.

定理 2.4.3

真閉凸関数 $f : \mathbb{R}^p \to \mathbb{R} \cup \{\infty\}$ に対し, そのモーロー包 $f \square w$ は微分可能で,

$$x - \text{prox}_f(x) = \nabla(f \square w)(x).$$

また

$$x - \text{prox}_f(x) \in \partial f(\text{prox}_f(x))$$

です.

定理 2.4.2 と定理 2.4.3 の証明. 定理 2.4.2 はフェンシェルの双対定理と $w^*(x) = w(x)$ から容易に導かれます. 実際, $w_{[x]}(q) := w(q) - \langle x, q \rangle$ に対し, $w^*_{[x]}(y) = w(y + x)$ が成り立つので (定理 2.2.4 と $w^*(x) = w(x)$ より),

$$(f \square w)(x)$$

$$= \inf_{q \in \mathbb{R}^p} \{ f(q) + \frac{1}{2} \|x - q\|^2 \}$$

$$= \inf_{q \in \mathbb{R}^p} \{ f(q) + w_{[x]}(q) \} + w(x)$$

$$= \sup_{y \in \mathbb{R}^p} \{-f^*(y) - w(x-y)\} + w(x) \quad (\because \text{フェンシェルの双対定理})$$

$$= -(f^* \Box w^*)(x) + w(x) \tag{2.6}$$

を得ます．これで最初の主張を得ました．

第 2 の主張はフェンシェルの双対定理における KKT 条件より，$q^* = \mathrm{prox}_f(x)$，$y^* = \mathrm{prox}_{f^*}(x)$ なら，それぞれ主問題・双対問題の最適解なので，

$$q^* = \nabla_u w(x+u) \mid_{u=-y^*}$$

を満たさなくてはいけません．よって，$q^* = x - y^*$ つまり $\mathrm{prox}_f(x) + \mathrm{prox}_{f^*}(x) = x$ を得ます．

定理 2.4.3 の証明に移りましょう．フェンシェルの双対定理における KKT 条件を再度用いますと，

$$y^* \in \partial f(q^*)$$

が成り立ちます．よって，$q^* + y^* = x$ から $x - q^* = y^* \in \partial f(q^*)$ を得ます．よって，定理 2.4.3 の第 2 の主張を得ました．

ここで，f と f^* を置き換えれば，

$$q^* = x - y^* \in \partial f^*(y^*) \tag{2.7}$$

もわかります．系 2.3.2 と $w^* = w$ より

$$(f \Box w)(x) = (f^* + w)^*(x)$$

となります（和の共役は共役の畳み込み）．今，$f^* + w$ は強凸関数ですので，後述の定理 2.5.8 よりその共役関数である $f \Box w$ は平滑凸関数であり，特に微分可能です．また，劣微分の性質より

$$y = \nabla(f \Box w)(x) \Leftrightarrow (f \Box w)(x) + (f^* + w)(y) = \langle x, y \rangle$$
$$\Leftrightarrow x \in \partial(f^* + w)(y)$$

です．ここで，$\partial(f^* + w)(y^*) = \{g + y^* \mid g \in \partial f^*(y^*)\} \ni y^* + (x - y^*) = x$ が式 (2.7) からわかります．よって，$y^* = \mathrm{prox}_{f^*}(x) = \nabla(f \Box w)(x)$ が示されます．$y^* = x - q^*$ から題意を得ます． $\qquad \square$

34　**Chapter 2**　凸解析の基本事項

ほかにも近接写像には次の性質があります.

> - ある $\alpha \neq 0,\ \beta \in \mathbb{R}^p$ を用いて $g(x) = f(\alpha x + \beta)$ のとき,
>
> $$\mathrm{prox}_g(x) = \frac{1}{\alpha}\big(\mathrm{prox}_{\alpha^2 f}(\alpha x + \beta) - \beta\big).$$
>
> - $\|\mathrm{prox}_f(x) - \mathrm{prox}_f(x')\| \leq \|x - x'\|$.

第 2 の性質より,近接写像が縮小写像であることがわかります.

証明. 第 2 の性質だけ示しましょう. $x - \mathrm{prox}_f(x) \in \partial f(\mathrm{prox}_f(x))$ かつ $x' - \mathrm{prox}_f(x') \in \partial f(\mathrm{prox}_f(x'))$ より(定理 2.4.3),劣微分の性質(式 (2.3))から

$$\langle x - \mathrm{prox}_f(x) - (x' - \mathrm{prox}_f(x')), \mathrm{prox}_f(x) - \mathrm{prox}_f(x')\rangle \geq 0$$

です.これから

$$\|\mathrm{prox}_f(x) - \mathrm{prox}_f(x')\|^2 \leq \langle x - x', \mathrm{prox}_f(x) - \mathrm{prox}_f(x')\rangle$$
$$\leq \frac{1}{2}(\|x - x'\|^2 + \|\mathrm{prox}_f(x) - \mathrm{prox}_f(x')\|^2)$$

を得ます(コーシー・シュワルツの不等式(補題 A.1.1)を使いました). $\|\mathrm{prox}_f(x) - \mathrm{prox}_f(x')\|^2/2$ を左辺に移して所望の式を得ます. □

2.5　強凸関数と平滑凸関数の性質

この節では強凸関数と平滑凸関数の性質の中で重要なものを述べます.最適化をしたい凸関数の性質を利用することによって,より効率的なアルゴリズムを構成することが可能になりますが,その代表的な性質が強凸性と平滑性です.これらの片方もしくは両方が満たされていれば,より高速に収束する最適化手法を構築することができます(付録 A.2 を参照).特に,この節で示す強凸性と平滑性の双対性は双対問題を考える上で重要な事項になります.

強凸関数は次のようにも定義できます.

2.5 強凸関数と平滑凸関数の性質 **35**

補題 2.5.1

凸関数 $f : \mathbb{R}^p \rightarrow \mathbb{R} \cup \{\infty\}$ が μ-強凸関数であることと，$f(x) - \frac{\mu}{2}\|x\|^2$ が凸関数であることは同値です.

証明. 単純な計算により

$$\frac{\mu}{2}\theta(1-\theta)\|x-y\|^2 = -\frac{\mu}{2}\|\theta x + (1-\theta)y\|^2 + \frac{\mu}{2}\theta\|x\|^2 + \frac{\mu}{2}(1-\theta)\|y\|^2$$

です．これを用いますと，

$\quad f$ が μ-強凸

$\Leftrightarrow \dfrac{\mu}{2}\theta(1-\theta)\|x-y\|^2 + f(\theta x + (1-\theta)y) \le \theta f(x) + (1-\theta)f(y)$

$\Leftrightarrow -\dfrac{\mu}{2}\|\theta x + (1-\theta)y\|^2 + \dfrac{\mu}{2}\theta\|x\|^2 + \dfrac{\mu}{2}(1-\theta)\|y\|^2 + f(\theta x + (1-\theta)y)$

$\quad \le \theta f(x) + (1-\theta)f(y)$

$\Leftrightarrow f(\theta x + (1-\theta)y) - \dfrac{\mu}{2}\|\theta x + (1-\theta)y\|^2$

$\quad \le \theta\left(f(x) - \dfrac{\mu}{2}\|x\|^2\right) + (1-\theta)\left(f(y) - \dfrac{\mu}{2}\|y\|^2\right)$

$\Leftrightarrow f - \dfrac{\mu}{2}\|\cdot\|^2$ が凸関数，

となり，題意を得ます. $\qquad\qquad\qquad\qquad\qquad\qquad\qquad\qquad\square$

強凸関数は劣微分を用いて，次のようにも定義できます.

補題 2.5.2

真閉凸関数 $f : \mathbb{R}^p \rightarrow \mathbb{R} \cup \{\infty\}$ が μ-強凸関数であることと，

$$f(x) + \langle y - x, g\rangle + \frac{\mu}{2}\|x-y\|^2 \le f(y)$$

$$(\forall x, y \in \mathrm{dom}(f) \text{ s.t. } \partial f(x) \ne \emptyset,\ \forall g \in \partial f(x))$$

は同値です.

---

36 **Chapter 2** 凸解析の基本事項

証明. f を μ-強凸とします. このとき, $g \in \partial f(x)$ に対し, $f(\theta x + (1-\theta)y) \geq f(x) + \langle g, \theta x + (1-\theta)y - x \rangle$ なので,

$$f(\theta x + (1-\theta)y) + \frac{\mu}{2}\theta(1-\theta)\|x-y\|^2 \leq \theta f(x) + (1-\theta)f(y)$$

$$\Rightarrow f(x) + (1-\theta)\langle g, y-x \rangle + \frac{\mu}{2}\theta(1-\theta)\|x-y\|^2 \leq \theta f(x) + (1-\theta)f(y)$$

$$\Rightarrow (1-\theta)f(x) + (1-\theta)\langle g, y-x \rangle + \frac{\mu}{2}\theta(1-\theta)\|x-y\|^2 \leq (1-\theta)f(y)$$

となります. 両辺 $1-\theta$ で割って, $\theta \to 1$ とすれば示されます.

逆を示しましょう. $x, y \in \mathrm{dom}(f)$ とし, $z_0 \in \mathrm{ri}(\mathrm{dom}(f))$ を任意に固定します. すると, 任意の $n > 1$ に対して $x_n = (1-1/n)x + z_0/n$, $y_n = (1-1/n)y + z_0/n$ とすると, $x_n, y_n \in \mathrm{ri}(\mathrm{dom}(f))$ かつ $\theta x_n + (1-\theta)y_n \in \mathrm{ri}(\mathrm{dom}(f))$ です. 特に, $\theta x_n + (1-\theta)y_n$ で劣微分可能です. すると, $g \in \partial f(\theta x_n + (1-\theta)y_n)$ に対して, 補題の条件より,

$$f(\theta x_n + (1-\theta)y_n) + \langle y_n - [\theta x_n + (1-\theta)y_n], g \rangle$$
$$+ \frac{\mu}{2}\|y_n - [\theta x_n + (1-\theta)y_n]\|^2 \leq f(y_n), \qquad (2.8)$$

$$f(\theta x_n + (1-\theta)y_n) + \langle x_n - [\theta x_n + (1-\theta)y_n], g \rangle$$
$$+ \frac{\mu}{2}\|x_n - [\theta x_n + (1-\theta)y_n]\|^2 \leq f(x_n), \qquad (2.9)$$

なので, $(1-\theta) \times (2.8)$ と $\theta \times (2.9)$ を足して,

$$f(\theta x_n + (1-\theta)y_n) + \frac{\mu[(1-\theta)\theta^2 + \theta(1-\theta)^2]}{2}\|x_n - y_n\|^2$$
$$\leq (1-\theta)f(y_n) + \theta f(x_n)$$

$$\Leftrightarrow f(\theta x_n + (1-\theta)y_n) + \frac{\mu(1-\theta)\theta}{2}\|x_n - y_n\|^2 \leq (1-\theta)f(y_n) + \theta f(x_n).$$

ここで, $\theta x_n + (1-\theta)y_n = (1-1/n)(\theta x + (1-\theta)y) + z_0/n$ より, 後述の補題 2.5.5 より, $n \to \infty$ で題意を得ます. $\square$

強凸関数が真閉ならその最小化元は一意に定まることがいえます. そのため, まず真閉凸関数の**下半連続性 (lower semi continuous)** を示します. ここで, 関数 $f: \mathbb{R}^p \to \mathbb{R} \cup \{\infty\}$ が下半連続であるとは, すべての $\alpha \in \mathbb{R}$ に対して, $\{x \in \mathbb{R}^p \mid f(x) \leq \alpha\}$ が閉集合であることとして定義されます.

2.5 強凸関数と平滑凸関数の性質 　37

補題 2.5.3

（凸とは限らない）関数 $f : \mathbb{R}^p \to \mathbb{R} \cup \{\infty\}$ に対して，以下の 3 条件は同値です.

1. f は下半連続.
2. 任意の収束列 $\{x_n\}_{n=1}^{\infty} \subseteq \mathbb{R}^p$ に対して $\liminf f(x_n) \geq f(x_\infty)$. ただし，$x_\infty = \lim_n x_n$.
3. f のエピグラフは閉集合.

証明. 条件 1 から 2 を示します．必要ならば部分列をとることで，点列 $\{x_n\}_n$ は $\mu = \lim f(x_n) = \liminf f(x_n)$ を満たすとして一般性を失いません．すると，任意の $\alpha > \mu$ に対して，十分大きな N が存在して，$f(x_n) \leq \alpha \ (\forall n \geq N)$ です．よって，$x_\infty \in \mathrm{cl}\{x \mid f(x) \leq \alpha\} = \{x \mid f(x) \leq \alpha\}$ となるので，$f(x_\infty) \leq \alpha \ (\forall \alpha > \mu)$ です．よって，$f(x_\infty) \leq \mu$ です.

条件 2 から 3 を示します．点列 $\{x_n\}_{n=1}^{\infty}$ が $\lim_n (x_n, f(x_n)) = (x_\infty, \mu) \in \mathbb{R}^{p+1}$ を満たすとき，条件 2 より $f(x_\infty) \leq \mu < \infty$ です．すなわち，$(x_\infty, f(x_\infty)) \in \mathrm{epi}(f)$ なので，f のエピグラフは閉集合です.

最後に条件 3 から 1 を示します．ある α に対して，$D_\alpha = \{x \in \mathbb{R}^p \mid f(x) \leq \alpha\}$ とします．D_α 内の点列 $\{x_n\}_{n=1}^{\infty} \subseteq D_\alpha$ がある $x_\infty \in \mathbb{R}^p$ に収束するとします．$x_\infty \in D_\alpha$ が示されれば D_α が閉集合であることがわかります．エピグラフの定義より $(x_n, \alpha) \in \mathrm{epi}(f)$ です．すると，$x_n \to x_\infty$ とエピグラフが閉であることより $(x_n, \alpha) \to (x_\infty, \alpha) \in \mathrm{epi}(f)$ です．よって示されました. $\square$

定理 2.5.4

真閉凸関数 $f : \mathbb{R}^p \to \mathbb{R} \cup \{\infty\}$ が μ-強凸関数のとき，その最小化元が一意に存在します.

証明. $x_0 \in \mathrm{ri}(\mathrm{dom}(f))$ を任意にとってきます．すると，f は閉凸関数なので $D_{x_0} := \{x \in \mathbb{R}^p \mid f(x) \leq f(x_0)\}$ は閉集合です（補題 2.5.3 より）．さら

38   Chapter 2   凸解析の基本事項

に，f の強凸性から，D_{x_0} が有界であることもわかります．実際，$g \in \partial f(x_0)$ を用いて，$\forall x \in D_{x_0}$ は

$$f(x_0) + \langle g, x - x_0 \rangle + \frac{\mu}{2}\|x - x_0\|^2 \le f(x)$$

を満たします．すると，$f(x) \le f(x_0)$ なので，

$$\langle g, x - x_0 \rangle + \frac{\mu}{2}\|x - x_0\|^2 \le 0,$$

つまり $\frac{\mu}{2}\|x - x_0 + g/\mu\|^2 \le \frac{\mu}{2}\|g\|^2$ となるので D_{x_0} は有界です．よって，D_{x_0} はコンパクトな集合です．

D_{x_0} の定義より，$\inf_{x \in \mathbb{R}^p} f(x) = \inf_{x \in D_{x_0}} f(x)$ なので，ある点列 $\{x_n\}_{n=1}^{\infty} \subseteq D_{x_0}$ が存在して $\inf_{x \in \mathbb{R}^p} f(x) = \lim_{n \to \infty} f(x_n)$ とすることができます．D_{x_0} はコンパクトなので収束部分列 $\{x_{n_j}\}_{j=1}^{\infty}$ がとれて $\lim_{j \to \infty} f(x_{n_j}) = \inf_{x \in \mathbb{R}^p} f(x)$ とできます．収束先を x^* とすると，D_{x_0} は閉集合なので $x^* \in D_{x_0}$ がわかります．すると，真閉凸関数の下半連続性（補題 2.5.3 の条件 2）から $f(x^*) \le \lim_{j \to \infty} f(x_{n_j}) = \inf_{x \in \mathbb{R}^p} f(x)$ を得ます．よって最適解の存在が示されました．

一意性を示しましょう．x^* の最適性より $\mathbf{0} \in \partial f(x^*)$ で，かつ f の強凸性より

$$f(x^*) + \frac{\mu}{2}\|x - x^*\|^2 \le f(x) \quad (\forall x \in \mathbb{R}^p)$$

となるので，一意であることがわかります． □

上の定理で f の強凸性を仮定しましたが，これを狭義凸性に代えることはできません．なぜなら，$f(x) = \exp(x)$ $(x \in \mathbb{R})$ とすると，これは狭義凸関数で，$x \to -\infty$ で $f(x) \to 0 = \inf_x f(x)$ となりますが，$f(x) = 0$ を満たす $x \in \mathbb{R}$ は存在しません．また，閉であることも外せません．たとえば $f(x) = \infty$ $(x \le 0)$，$f(x) = x^2$ $(x > 0)$ は強凸関数ですが閉凸関数ではありません．すると，$\inf_x f(x) = 0$ ですが，$f(x) = 0$ を満たす x は存在しません．

また，次の事実が成り立ちます．

2.5 強凸関数と平滑凸関数の性質　　39

補題 2.5.5

真閉凸関数 $f : \mathbb{R}^p \to \mathbb{R} \cup \{\infty\}$ は，$\forall x, y \in \mathrm{dom}(f)$ において次を満たします：

$$\lim_{n \to \infty} f\left(\left(1 - \frac{1}{n}\right) x + \frac{y}{n}\right) = f(x).$$

証明. $f\left(\left(1 - \frac{1}{n}\right) x + \frac{y}{n}\right) \leq \left(1 - \frac{1}{n}\right) f(x) + \frac{f(y)}{n}$ $(\forall n \geq 1)$ より，$\limsup_{n \to \infty} f\left(\left(1 - \frac{1}{n}\right) x + \frac{y}{n}\right) \leq f(x)$ です．一方で，補題 2.5.3 より $\liminf_{n \to \infty} f\left(\left(1 - \frac{1}{n}\right) x + \frac{y}{n}\right) \geq f(x)$ なので，題意を得ます．　　□

次いで，平滑な凸関数には次のような性質があります．

補題 2.5.6

凸関数 $f : \mathbb{R}^p \to \mathbb{R}$ が γ-平滑であるとき，

$$f(y) \leq f(x) + \langle y - x, \nabla f(x) \rangle + \frac{\gamma}{2} \|x - y\|^2 \quad (\forall x, y \in \mathbb{R}^p).$$

さらに

$$f(x) + \langle y - x, \nabla f(x) \rangle + \frac{1}{2\gamma} \|\nabla f(y) - \nabla f(x)\|^2 \leq f(y) \quad (\forall x, y \in \mathbb{R}^p)$$

が成り立ちます．

証明. $g(t) = f(x + t(y - x))$ $(t \in \mathbb{R})$ とおけば，$g(t)$ は 1 変数の凸関数になります．f の平滑性より g も微分可能です．よって，

$$g(1) = g(0) + \int_0^1 \frac{\mathrm{d}g(t)}{\mathrm{d}t} \mathrm{d}t$$

$$= g(0) + \int_0^1 \langle y - x, \nabla f(x + t(y - x)) \rangle \mathrm{d}t$$

$$= g(0) + \langle y - x, \nabla f(x) \rangle + \int_0^1 \langle y - x, \nabla f(x + t(y - x)) - \nabla f(x) \rangle \mathrm{d}t$$

$$\leq g(0) + \langle y - x, \nabla f(x) \rangle + \int_0^1 t\gamma \|x - y\|^2 \mathrm{d}t$$
$$= g(0) + \langle y - x, \nabla f(x) \rangle + \frac{\gamma}{2} \|x - y\|^2.$$

2つ目の性質を示しましょう. $g(x) = f(x) - \langle x - x_1, \nabla f(x_1) \rangle - f(x_1)$ とします. 劣微分の性質より $g(x) \geq 0$ で, $g(x_1) = \inf_x g(x) = 0$ です. また $g(x)$ も γ-平滑です. このとき, 上で示した関係より,

$$g(x_1) \leq \inf_\delta [g(x_2 - \delta \nabla g(x_2))]$$
$$\leq \inf_\delta [g(x_2) + \langle -\delta \nabla g(x_2), \nabla g(x_2) \rangle + \frac{\delta^2}{2\gamma} \|\nabla g(x_2)\|^2]$$
$$= g(x_2) - \frac{1}{2\gamma} \|\nabla g(x_2)\|^2$$

となります. ここで, $\nabla g(x_2) = \nabla f(x_2) - \nabla f(x_1)$ ですので,

$$f(x_1) + \langle x_2 - x_1, \nabla f(x_1) \rangle + \frac{1}{2\gamma} \|\nabla f(x_2) - \nabla f(x_1)\|^2 \leq f(x_2)$$

となります. $\qquad \square$

系 2.5.7

γ-平滑な凸関数 $f : \mathbb{R}^p \to \mathbb{R}$ に対し,

$$\langle x - y, \nabla f(x) - \nabla f(y) \rangle \geq \frac{1}{\gamma} \|\nabla f(x) - \nabla f(y)\|^2 \quad (\forall x, y \in \mathbb{R}^p)$$

が成り立ちます.

証明. 先の補題 2.5.6 にある第 2 の性質より,

$$f(x) + \langle y - x, \nabla f(x) \rangle + \frac{1}{2\gamma} \|\nabla f(y) - \nabla f(x)\|^2 \leq f(y),$$
$$f(y) + \langle x - y, \nabla f(y) \rangle + \frac{1}{2\gamma} \|\nabla f(y) - \nabla f(x)\|^2 \leq f(x)$$

です. 両辺足すことで, 題意を得ます. $\qquad \square$

これらを用いて強凸関数と平滑凸関数の双対性が次のようにして示され

ます.

定理 2.5.8

　真閉凸関数 $f : \mathbb{R}^p \to \mathbb{R} \cup \{\infty\}$ が μ-強凸であることと，その共役関数 f^* が $1/\mu$-平滑であることは同値です.

証明. f が強凸であると仮定します. まず $\mathrm{dom}(f^*) = \mathbb{R}^p$ を示しましょう. 任意の $y \in \mathbb{R}^p$ を持ってきます. 任意の $x_0 \in \mathrm{ri}(\mathrm{dom}(f))$ に対し, 補題 2.5.2 を用いることで, $g \in \partial f(x_0)$ に対し

$$
\begin{aligned}
f^*(y) &= \sup_{x \in \mathbb{R}^p} \{x^\top y - f(x)\} \\
&\leq \sup_{x \in \mathbb{R}^p} \{x^\top y - (f(x_0) + \langle g, x - x_0 \rangle + \frac{\mu}{2} \|x - x_0\|^2)\} \\
&= -\inf_{x \in \mathbb{R}^p} \{f(x_0) + \langle g - y, x \rangle - \langle g, x_0 \rangle + \frac{\mu}{2} \|x - x_0\|^2\} \\
&< \infty.
\end{aligned}
$$

よって $\mathrm{dom}(f^*) = \mathbb{R}^p$ が示されました. 次に, 任意の $y_1, y_2 \in \mathrm{dom}(f^*)$ に対し, $x_1 \in \partial f^*(y_1)$, $x_2 \in \partial f^*(y_2)$ とします. 劣微分の性質より $y_1 \in \partial f(x_1)$ かつ $y_2 \in \partial f(x_2)$ です. $\|x_1 - x_2\| \leq 1/\mu \|y_1 - y_2\|$ を示します. これが示されれば, $\partial f^*(y_1)$ はただ 1 つの要素からなり, f^* は微分可能であることがわかります. また, f^* が $1/\mu$-平滑であることがわかります.

　補題 2.5.2 より,

$$
\begin{aligned}
f(x_1) + \langle x_2 - x_1, y_1 \rangle + \frac{\mu}{2} \|x_1 - x_2\|^2 \leq f(x_2), \\
f(x_2) + \langle x_1 - x_2, y_2 \rangle + \frac{\mu}{2} \|x_1 - x_2\|^2 \leq f(x_1),
\end{aligned}
$$

が成り立ちます. これらを両辺足すことで次の関係を得ます:

$$
\begin{aligned}
&\langle x_2 - x_1, y_1 - y_2 \rangle + \mu \|x_1 - x_2\|^2 \leq 0 \\
\Rightarrow\ &\mu \|x_1 - x_2\|^2 \leq \|x_2 - x_1\| \|y_1 - y_2\| \\
\Rightarrow\ &\|x_1 - x_2\| \leq \frac{1}{\mu} \|y_1 - y_2\|.
\end{aligned}
$$

よって示されました.

42 **Chapter 2** 凸解析の基本事項

逆を示しましょう．f^* が $1/\mu$-平滑であるとします．補題 2.5.6 より任意の $y_1, y_2 \in \mathbb{R}^p$ において，

$$f^*(y_2) \leq f^*(y_1) + \langle y_2 - y_1, \nabla f^*(y_1) \rangle + \frac{1}{2\mu} \|y_2 - y_1\|^2$$

が成り立ちます．すると，ルジャンドル変換の定義より，任意の $x \in \mathrm{dom}(f)$ において，

$$
\begin{aligned}
f^{**}(x) &= f(x) \\
&= \sup_{y \in \mathbb{R}^p} \{\langle x, y \rangle - f^*(y)\} \\
&= \sup_{y, y' \in \mathbb{R}^p} \{\langle x, y \rangle - f^*(y') - \langle y - y', \nabla f^*(y') \rangle - \frac{1}{2\mu} \|y - y'\|^2\} \\
&= \sup_{u, y' \in \mathbb{R}^p} \{\langle x, u + y' \rangle - f^*(y') - \langle u, \nabla f^*(y') \rangle - \frac{1}{2\mu} \|u\|^2\} \\
&= \sup_{u, y' \in \mathbb{R}^p} \{\langle x, y' \rangle - f^*(y') - \langle u, \nabla f^*(y') - x \rangle - \frac{1}{2\mu} \|u\|^2\} \\
&= \sup_{y' \in \mathbb{R}^p} \{\langle x, y' \rangle - f^*(y') + \sup_{u \in \mathbb{R}^p} \{\langle u, x - \nabla f^*(y') \rangle - \frac{1}{2\mu} \|u\|^2\}\} \\
&= \sup_{y' \in \mathbb{R}^p} \{\langle x, y' \rangle - f^*(y') + \frac{\mu}{2} \|x - \nabla f^*(y')\|^2\} \\
&= \frac{\mu}{2} \|x\|^2 + g(x)
\end{aligned}
$$

となります．ただし，$g(x)$ は

$$g(x) = \sup_{y' \in \mathbb{R}^p} \{\langle x, y' - \mu \nabla f^*(y') \rangle - f^*(y') + \frac{\mu}{2} \|\nabla f^*(y')\|^2\}$$

で，sup は x に関するアフィン関数の集合上でとっているため，$g(x)$ は凸関数です．よって，強凸関数の特徴づけ（補題 2.5.1）より，$f(x)$ は μ-強凸です． $\square$

Chapter 3

確率的最適化とは

本章では，確率的最適化の概要について解説します．

　機械学習における確率的最適化は，おもに大規模データでの学習を容易にするために用いられます．現在の機械学習応用では，自然言語・画像・音声など，高次元かつ大量のデータを扱うことが頻繁に要求されます．

　学習に必要な最適化に汎用の最適化ソルバーをそのままあてはめてしまうと，1回の更新に最低でもサンプルサイズ×次元のオーダーがかかってしまうので，データが巨大なときは1回の更新の終了まで長い時間待たなくてはいけません．しかも，いつ終わるかの予測が立てづらいという問題もあります．実応用ではこのような状況はなるべく避けたいところです．

　このような問題を解決するために，データを適切に分割し，ランダムにその小さな部分問題を解いてゆき，結果的にデータ全体を用いた最適化を解いてしまおうというのが確率的最適化のアイディアです．確率的最適化には大きく分けて，**オンライン型確率的最適化（online stochastic optimization）**と**バッチ型確率的最適化（batch stochastic optimization）**に分けられます．

オンライン型確率的最適化：サンプルが逐次的に観測される場合に有用な手法です．通常の最適化手法を用いた場合，すべてのサンプルが到着するまで待たなくては学習が始められません．これは大量のデータを用いた高い即応性が求められる学習問題では好ましくありません．オンライン型確率的最適化では，サンプルが1つもしくは少数観測されるごとにパ

ラメータを更新するため，1回の更新にかかる計算量が非常に軽いという利点があります.

バッチ型確率的最適化: バッチ型では，オンライン型と違い，すでにすべてのデータが手元にある状況を想定しています．データが手元にあるため，サンプルサイズがわかっているという利点を利用して効率的な最適化手法を構築することができます．1回の更新にかかる計算時間はオンライン型と同じですが，1度利用したサンプルを再度用いることで，より速い収束レートを実現させることができます.

　確率的最適化が機械学習で有用であるのは，機械学習特有の事情にも起因します．第1章で述べましたように機械学習の主な目的は，汎化誤差を小さくすることです．汎化誤差が小さければ，手元にあるデータにおける訓練誤差それ自体を厳密に最適化させる必要は必ずしもありません．たとえ最適化が完全でなくても，その誤差がある程度小さければ，訓練誤差と汎化誤差の差から生じる不確実性に埋もれてしまうためです．よって，汎化誤差が小さくなるなら，少しくらい最適化をさぼってしまってもよいわけです．この機械学習特有の事情が確率的最適化の性質とよく合っているのです.

　確率的最適化はサンプルを分割する方法だけでなく，特徴量を分割する方法もあります．いずれにせよ，データを適切に分割し，ランダムに部分問題を選んで最適化を進めるという点が特徴です．これらの手法は，1回の計算量が軽いため，随時最適化の途中でアルゴリズムを停止しても途中解を得ることができます．また，1回ごとの更新ではデータの一部分を用いるため，メモリ効率がよいという利点もあります.

　確率的最適化の歴史は古く，1951年に統計学者のロビンスとモンローによって提案された確率的近似手法に端を発します[30]．これは，統計学における最尤推定を最適化問題とみなし，サンプルを観測するごとにパラメータを更新するというもので，現在の確率的最適化の問題設定とまったく同じ枠組みが考えられていました．ビッグデータ時代の現在に再び脚光を浴びはじめた確率的最適化が，古くから統計学の問題設定において考察されていたという点は興味深いといえましょう.

　これから様々な手法を紹介しますが，それらは表3.1のように分類されます．それぞれの手法には短所・長所がありますが，その詳細は各章を参照く

表 3.1 各種手法の分類

		逐次計算	並列計算
オンライン型		[第4章]	[第6章]
		SGD（勾配降下法）	単純平均
		SDA（双対平均化法）	ミニバッチ法
			Hogwild!
バッチ型		[第5章]	[第6章]
	主	SVRG（分散縮小勾配降下法）	ミニバッチ法
		SAG（平均勾配降下法）	
	双対	SDCA（双対座標降下法）	COCOA
			ミニバッチ SDCA

ださい．たとえば，バッチ型最適化手法は大きく分けて主問題を直接解く方法と双対問題を解く方法に分けられますが，それによってアルゴリズムの煩雑さ，誤差の上界，更新式における共役関数の取り扱いといったところに違いが出てきます．実用上はこれらの性質を鑑みて応用に合った手法を用いるのがよいでしょう．

Chapter 4

オンライン型確率的最適化

本章では，オンライン型の確率的最適化について解説します．

4.1 オンライン型確率的最適化の枠組み

オンライン型確率的最適化では，サンプルを 1 つもしくは少数観測するごとにパラメータを更新します．このとき，サンプルを「観測する」とは，実際に時々刻々とサンプルが到着する状況だけでなく，あるストレージに大規模データが保持されていて，そこから少数データを逐次的にロードする状況も含みます．今，時刻 t で観測されるサンプルを $z_t \in \mathcal{Z}$ とします（$\mathcal{Z}$ はサンプルの空間）．確率的最適化では，z_t はある確率分布 P から独立同一に発生していると仮定します：$z_t \sim P(Z)$．また，z_t に対するパラメータ $\beta \in \mathbb{R}^p$ の損失関数の値を $\ell_t(\beta)$ もしくは $\ell(z_t, \beta)$ と書き表します．たとえば，$\ell_t(\beta) = \|z_t - \beta_t\|^2$ などが考えられます．特に，教師あり学習では z_t は入力 (特徴ベクトル) とラベルの組 $z_t = (x_t, y_t)$ で，1.1 節で述べたような損失関数 ℓ を用いて，$\ell_t(\beta) = \ell(y_t, \langle x_t, \beta \rangle)$ と書ける状況が考えられます．これからの議論は，教師あり学習を念頭において進めますが，損失関数が $\ell(y_t, \langle x_t, \beta \rangle)$ のように入力 x_t と β の内積を用いて表されることは特に仮定せず，一般的な損失で考察します．T 時刻目までサンプルを観測した後の訓練誤差最小化は

$$\min_{\beta \in \mathbb{R}^p} \frac{1}{T} \sum_{t=1}^{T} \ell_t(\beta) \tag{4.1}$$

なる最適化問題になります．基本的にこの問題を解きたいわけですが，オンライン型確率的最適化ではすべてのサンプル $\{z_t\}_{t=1}^{T}$ を1度に用いず，逐次的に観測してパラメータを更新してゆきます．オンライン型確率的最適化の基本的構造はアルゴリズム 4.1 のような形です．

確率的最適化においては1回1回のサンプルから得られる損失関数の値 $\ell(z_t, \beta)$ を汎化誤差 $L(\beta) = \mathrm{E}_Z[\ell(Z, \beta)]$ の確率的近似とみなします．確率的最適化が実際に行っていることは，この汎化誤差の最小化であり，各ステップの更新はこれを確率的近似を用いて実現しています．よって，オンライン型確率的最適化はそれ自体ですでに「学習」にほかならないのです．

アルゴリズム 4.1 オンライン型確率的最適化の基本手順

$\beta_0 \in \mathbb{R}^p$ を初期化．
時刻 $t = 1, 2, \ldots, T$ で以下を実行：

1. サンプル $z_t \in \mathcal{Z}$ を観測．
2. 損失関数 $\ell_t(\beta)$ を計算．何らかの手順で β_{t-1} を β_t へ更新．
3. サンプル z_t を捨てる．

上では，訓練誤差は損失関数のみで記述され，正則化項を考えていませんでしたが，正則化学習もオンライン型確率的最適化の枠組みで扱えます．正則化関数を $\psi(\beta)$ と書きますと，正則化学習は

$$\min_{\beta \in \mathbb{R}^p} \frac{1}{T} \sum_{t=1}^{T} \ell_t(\beta) + \psi(\beta) \tag{4.2}$$

なる最適化問題になります．これからは，この正則化学習問題 (式 (4.2)) を扱います．正則化なしの訓練誤差最小化 (式 (4.1)) は，$\psi = 0$ とすれば復元できます．

正則化学習における確率的最適化は次の期待誤差を最小化していることに対応します：

$$L_\psi(\beta) := \mathrm{E}_Z[\ell(Z,\beta)] + \psi(\beta).$$

ここで，学習の目的が汎化誤差 $L(\beta) = \mathrm{E}_Z[\ell(Z,\beta)]$ を最小化することであったことを思い出しますと，正則化項 ψ がついた $L_\psi(\beta)$ を最小化することは目的に合っていないと思われるかもしれません．ただ，上で述べましたように確率的最適化におけるサンプルの「観測」を，ストレージに保持してあるデータからのサンプリングとする場合を考えますと，その場合の分布 $P(Z)$ はストレージにあるデータによる経験分布となります．すなわち，ストレージに保持してあるデータを $\{z_i\}_{i=1}^n$ と書きますと，

$$L_\psi(\beta) = \mathrm{E}_Z[\ell(Z,\beta)] + \psi(\beta) = \frac{1}{n}\sum_{i=1}^n \ell(z_i,\beta) + \psi(\beta)$$

となり，これは正則化項つき訓練誤差になります．

実用上は，正則化の強さ（正則化パラメータ）をいくつか設定して学習を進め，T 回の更新が終わったら，バリデーションデータで適切な正則化パラメータを選ぶという使い方が考えられます．

以降では，損失関数 ℓ と正則化関数 ψ は凸であるとして話を進めます．また，簡単のため以下のような仮定をおきますが，ψ に関する条件は本質的ではありません．

- $\ell(z,\cdot)$ は $\forall z \in \mathcal{Z}$ で凸関数．
- ψ は非負凸関数で，$\psi(0) = 0$．

本章では大きく分けて，**確率的勾配降下法（stochastic gradient descent, SGD）**（4.3 節）と**確率的双対平均化法（stochastic dual averaging, SDA）**（4.4 節）について説明します．勾配降下法は最も基本的なアルゴリズムで，汎用性が高い手法です．一方，双対平均化法では勾配降下法の収束を理論的に保証するための実行可能領域の有界性条件が必要ないなど，いくつか理論的に望ましい性質を有しています．ただし，双対平均化法は直感的に理解しにくいという難点があります．また，これらを発展させた AdaGrad と呼ばれる手法や最適収束レートについても説明します．

4.2 オンライン学習と確率的最適化の関係

オンライン型確率的最適化は**オンライン学習**（**online learning**）と呼ばれる枠組みと手続き的には同じです．しかし，これらの間には背後に想定している問題の構造に違いがあります．オンライン学習ではオンライン型確率的最適化と同じく，各時刻にサンプル z_t を観測して，それに基づいてパラメータ β_t を更新します．オンライン学習は次で定義される**リグレット**（**regret**）を，逐次的にパラメータを更新してゆくことでなるべく小さくすることを目標とします：

$$R(T) = \sum_{t=1}^{T} (\ell_{t+1}(\beta_t) + \psi(\beta_t)) - \min_{\beta \in \mathcal{B}} \left\{ \sum_{t=1}^{T} (\ell_{t+1}(\beta) + \psi(\beta)) \right\}.$$

リグレットは，すべてのサンプルを観測した後に達成可能な固定パラメータによる最小の訓練誤差と，こちらが逐次的に学習していった際に被った累積的な訓練誤差との差を表しています．オンライン学習においては確率的最適化と異なり，サンプル $\{z_t\}_{t=1}^{T}$ が i.i.d. 確率変数であるとは仮定しません．こちらの振る舞いに応じて，こちらが損をするように z_t が生成されることも許します．オンライン学習が利用されている応用例としては広告戦略などがあります．広告戦略の決定では，広告の出し方によってその後の消費者の行動が変化します．また，最小化したいのは広告を打つたびに被る損失の「累積」であり，ちょうど T 時刻目に得られている学習結果の汎化誤差ではありません．

これらをまとめますと，「オンライン型確率的最適化」と「オンライン学習」との違いは次のようになります．

- オンライン学習では z_t が独立同一の確率分布に従う確率変数であることを仮定しませんが，オンライン確率的最適化では仮定します．
- オンライン学習では z_t の挙動がこちらの振る舞いに応じて変化することを許しますが，オンライン確率的最適化ではその分布は変化しません．
- オンライン確率的最適化で最小化したいのは期待誤差 $L_\psi(\beta_T)$ であり，リ

グレットではありません.

　期待誤差とリグレットの違いは強凸損失関数の収束レートに現れます. 確率的最適化を用いると期待誤差は $L_\psi(\beta_T) = O(1/T)$ で収束させることができますが, リグレット (を T で割ったもの) は $R(T)/T = O(\log(T)/T)$ で収束します. リグレットの $O(\log(T)/T)$ は**ミニマックス最適 (minimax optimal)** であることが知られており, これを改善させることはできません. ここで, ミニマックス最適であるとは, どんなによいアルゴリズムを用いても, ある条件を満たすサンプル列 $\{z_t\}_{t=1}^T$ の中で最も苦手なサンプル列に関するリグレットは $O(\log(T)/T)$ を改善できないという意味です. 期待誤差とリグレットはこの点において本質的な違いが現れています.

　リグレットの上界が与えられれば, 期待誤差の上界も与えることができます. 今, あるオンライン学習アルゴリズムで $\beta_1, \ldots, \beta_T$ とパラメータベクトルの列が生成されたとしますと, これらの平均の期待誤差はリグレットを用いて抑えられます:

$$
\begin{aligned}
& L_\psi(\tfrac{1}{T}\textstyle\sum_{t=1}^T \beta_t) - L_\psi(\beta^*) \\
& \le \frac{1}{T}\sum_{t=1}^T L_\psi(\beta_t) - L_\psi(\beta^*) \quad (\because 損失関数 \ell の凸性より) \\
& = \frac{1}{T}\sum_{t=1}^T \mathrm{E}[\ell_{t+1}(\beta_t) + \psi(\beta_t) - \ell_{t+1}(\beta^*) - \psi(\beta^*)] \\
& \quad (\because z_{t+1} と \beta_t は独立) \\
& \le \frac{1}{T}\mathrm{E}[R(T)].
\end{aligned}
\tag{4.3}
$$

この評価方法は強力ではありますが, 上で述べましたように必ずしも最適な収束レートを導かないことに注意してください.

4.3　確率的勾配降下法 (SGD)

　この節ではオンライン型確率的最適化の最も基本的なアルゴリズムである**確率的勾配降下法 (stochastic gradient descent, SGD)** について解説します.

4.3.1 確率的勾配降下法の枠組みとアルゴリズム

まずは，正則化項なしの確率的勾配降下法をアルゴリズム 4.2 に与えましょう．なお，$\mathcal{B} \subseteq \mathbb{R}^p$ をパラメータの集合を表す凸集合とし（たとえば $\mathcal{B} = \{\beta \in \mathbb{R}^p \mid \|\beta\| \leq R\}$ や $\mathcal{B} = \mathbb{R}^p$)，$\Pi_{\mathcal{B}}$ を凸集合 $\mathcal{B}$ への射影とします．また，$\eta_t > 0$ ($t = 1, 2, \dots$) をステップ幅を調節するパラメータとします．

アルゴリズム 4.2 確率的勾配降下法 (SGD, 正則化項なし)

$\beta_0 = \mathbf{0} \in \mathbb{R}^p$ と初期化.
時刻 $t = 1, 2, \dots, T$ で以下を実行：

1. $z_t \sim P(Z)$ を観測.
2. $g_t \in \partial \ell_t(\beta_{t-1})$ を計算.
3. β_t を次のようにして更新：

$$\beta_t = \Pi_{\mathcal{B}}\left(\beta_{t-1} - \frac{1}{\eta_t} g_t\right). \tag{4.4}$$

更新式 (4.4) について説明しましょう．まず，g_t は損失関数 ℓ_t の劣勾配ですが，その期待値は期待損失 $L(\beta)$ の劣勾配になっています．実際，劣微分の定義より

$$\langle g_t, \beta - \beta_{t-1} \rangle + \ell_t(\beta_{t-1}) \leq \ell_t(\beta) \quad (\forall \beta \in \mathbb{R}^p)$$

が成り立ち，これより，両辺を z_t に関して期待値をとりますと，

$$\langle \mathrm{E}_{z_t}[g_t], \beta - \beta_{t-1} \rangle + \mathrm{E}_{z_t}[\ell_t(\beta_{t-1})] \leq \mathrm{E}_{z_t}[\ell_t(\beta)] \quad (\forall \beta \in \mathbb{R}^p)$$

が成り立ちます．よって，g_t の期待値は損失関数の期待値 $L(\beta) = \mathrm{E}_{z_t}[\ell_t(\beta)]$ の β_{t-1} での劣勾配になっていることがわかります．このことから，式 (4.4) の意味するところは，目的関数である期待損失 $L(\beta)$ の（劣）勾配を近似的に計算し，その方向に少し動くことで β_t を更新しているとみなせます．目的関数の勾配方向へ進むということは，目的関数が最も傾斜している方向へ進

むことに対応し，ちょうどスキーの直滑降で山を下っていくような方法とみなせます．このような更新方法を一般的に**勾配降下法（gradient descent）**や**最急降下法（steepest descent）**と呼びます．ただ，そのように β_t を微小変化させると定義域 $\mathcal{B}$ の外へはみ出してしまう可能性があります．そのため，$\mathcal{B}$ への射影 $\Pi_{\mathcal{B}}$ を施して，$\mathcal{B}$ へ引き戻しています．このように，勾配方向に少し進んで，定義域の $\mathcal{B}$ に射影するという方法は，**射影勾配法（projected gradient descent）**と呼ばれています．

確率的勾配降下法は g_t として $\partial L(\beta_{t-1})$ の元そのものではなく，それを確率的に近似する方法です．このように，期待値が本当の目的関数の劣勾配になるように g_t を持ってくる勾配法は広い意味で確率的勾配降下法の一種といえます．

次に，正則化項 ψ を含んだ確率的勾配降下法の更新式をアルゴリズム 4.3 に示します．

アルゴリズム 4.3 確率的勾配降下法 (SGD, 近接勾配法型)

$\beta_0 = \mathbf{0} \in \mathbb{R}^p$ と初期化.
時刻 $t = 1, 2, \ldots, T$ で以下を実行:

1. $z_t \sim P(Z)$ を観測.
2. $g_t \in \partial \ell_t(\beta_{t-1})$ を計算.
3. β_t を次のようにして更新:

$$\beta_t = \underset{\beta \in \mathcal{B}}{\operatorname{argmin}} \left\{ \langle g_t, \beta \rangle + \psi(\beta) + \frac{\eta_t}{2} \|\beta - \beta_{t-1}\|^2 \right\}. \quad (4.5)$$

更新式 (4.5) は更新式 (4.4) と形が違いますが，その一般化になっていることが示せます．実際，$\psi = 0$ とすれば，更新式 (4.5) は，

$$\beta_t = \operatorname*{argmin}_{\beta \in \mathcal{B}} \left\{ \langle g_t, \beta \rangle + \frac{\eta_t}{2} \|\beta - \beta_{t-1}\|^2 \right\}$$

$$= \operatorname*{argmin}_{\beta \in \mathcal{B}} \left\{ \frac{\eta_t}{2} \left\| \beta - \beta_{t-1} + \frac{1}{\eta_t} g_t \right\|^2 \right\}$$

$$= \Pi_{\mathcal{B}} \left(\beta_{t-1} - \frac{1}{\eta_t} g_t \right)$$

となり，更新式 (4.4) が再現されます.

更新式 (4.5) の意味についてもう少し詳しく解説しましょう．第 1 項 $\langle g_t, \beta \rangle$ は損失関数の期待値 $L(\beta)$ の $\beta = \beta_t$ における線形近似に対応します．ここで，g_t の期待値は $L(\beta)$ の $\beta = \beta_{t-1}$ での劣勾配であったことを思い出してください.

第 2 項には，正則化項 ψ がそのまま残っており，第 1 項とあわせることで，$L_\psi(\beta)$ の近似になっています．よって，更新式 (4.5) は目的関数 L_ψ を近似的に最小化しているとみなせます.

第 3 項は，更新幅を調節する役目を担っています．第 1 項が損失関数の線形近似になっているわけですが，あくまで近似ですので，完全にそれを信頼して最小化するのはよくありません．そこで，前の値 β_{t-1} からあまり遠くへ離れないよう抑制をかけているのが，この項です．パラメータ η_t の設定のしかたで収束の様子が変わりますが，どのように影響するかは収束レートの理論で説明します.

今，($\mathcal{B}$ の上で定義された) 近接写像を

$$\operatorname{prox}^{\mathcal{B}}_{\psi/\eta_t}(\beta') := \operatorname*{argmin}_{\beta \in \mathcal{B}} \left\{ \psi(\beta)/\eta_t + \frac{1}{2} \|\beta - \beta'\|^2 \right\}$$

とすれば，式 (4.5) は

$$\beta_t = \operatorname*{argmin}_{\beta \in \mathcal{B}} \left\{ \langle g_t, \beta \rangle + \psi(\beta) + \frac{\eta_t}{2} \|\beta - \beta_{t-1}\|^2 \right\}$$

$$= \operatorname*{argmin}_{\beta \in \mathcal{B}} \left\{ \left\langle \frac{g_t}{\eta_t}, \beta \right\rangle + \frac{1}{\eta_t} \psi(\beta) + \frac{1}{2} \|\beta - \beta_{t-1}\|^2 \right\}$$

$$= \operatorname*{argmin}_{\beta \in \mathcal{B}} \left\{ \frac{1}{\eta_t} \psi(\beta) + \frac{1}{2} \left\| \beta - \beta_{t-1} + \frac{1}{\eta_t} g_t \right\|^2 \right\}$$

$$= \mathrm{prox}^{\mathcal{B}}_{\psi/\eta_t} \left(\beta_{t-1} - \frac{1}{\eta_t} g_t \right)$$

と書き直せます. 2.4 節で見ましたように, いくつかの正則化項については, その性質を利用することで近接写像を陽に計算することができます. また, 近接写像が射影の一般化であったことを思い出しますと, 式 (4.4) の一般化として自然な形となっていることがわかります.

もし, 確率的要素をなくし, $g_t \in \partial L(\beta_{t-1})$ とできるのならば, アルゴリズム 4.3 は L_ψ を最小化する**近接勾配法**（**proximal gradient descent**）と呼ばれるものになります（付録 A.2 を参照）.

なお, 正則化項を損失関数の項に入れて

$$\tilde{\ell}(z, \beta) \leftarrow \ell(z, \beta) + \psi(\beta) \tag{4.6}$$

として, 新たに $\tilde{\ell}$ を損失関数として正則化項なしの確率的最適化（アルゴリズム 4.2）を行っても構いません. これは ψ の性質があまりよくなく, 近接写像が簡単に計算できないときには有効です. ただ, 近接写像を用いた方法とは次の意味で大きく違います. 簡単のために $\mathcal{B} = \mathbb{R}^p$ とし ψ を微分可能としますと, 式 (4.6) のように損失関数に正則化項を組み込んでアルゴリズム 4.2 を用いた場合,

$$\beta_t = \beta_{t-1} - \frac{1}{\eta_t}(g_t + \nabla\psi(\beta_{t-1})) \tag{4.7}$$

となりますが, アルゴリズム 4.3 を用いた場合は, 近接写像の性質（定理 2.4.3）より

$$\beta_t = \beta_{t-1} - \frac{1}{\eta_t}(g_t + \nabla\psi(\beta_t)) \tag{4.8}$$

となります. $\nabla\psi(\cdot)$ の中身を見ますと, β_{t-1} が β_t になっています. このように, 近接写像を用いた方法では更新した「後の」パラメータ β_t での勾配 $\nabla\psi(\beta_t)$ を先取りして更新している分, よい性質を有します. 実際, これから理論解析で見るように, 式 (4.7) の更新では ψ の性質が収束に影響しますが, 式 (4.8) のように近接勾配法的に更新すれば ψ の性質が悪くても, 損失関数 $L(\cdot)$ の性質がよければ, ψ に影響されない速い収束を達成します. 詳しくは 4.3.2 節以降の理論解析と付録 A.2 を参照ください.

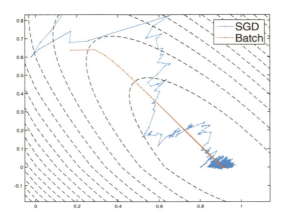

図 4.1 確率的勾配降下法（SGD）と近接勾配法（Batch）の収束の様子．ただし等高線は目的関数値（訓練誤差と正則化関数の和）．

確率的勾配降下法（アルゴリズム 4.3）の収束の様子を図 4.1 に示します．図 4.1 で扱っている問題は，損失関数はロジスティック損失，正則化項は L_1 正則化の二値判別問題で，サンプルサイズは 1000 で次元は 2 としてます（$n = 1000$, $p = 2$）．毎回の更新で 1000 個のサンプルからランダムに 1 つのサンプル点を抽出しました．ランダムに振動しながらも最適解へ収束している様子が見てとれます．

4.3.2 確率的勾配降下法の収束レート

ここでは，確率的勾配降下法の収束レートを解説します．理論を展開する前に，以下のような仮定をおきます．

仮定 4.3.1

1. $\exists G > 0$ で，$\forall t$ において，
$$\mathrm{E}[\|g_t\|^2] \leq G^2.$$

2. $\mathbf{0} \in \mathcal{B}$.

最初の仮定は汎化誤差 $L(\cdot)$ や損失関数 $\ell(Z, \cdot)$ の ($\mathcal{B}$ を内点に含む集合上での) ユークリッドノルム $\|\cdot\|$ に関するリプシッツ連続性で特徴づけられます. なぜなら, $g \in \partial_\beta \ell(Z, \beta)$, $g' \in \partial_\beta \ell(Z, \beta')$ に対し[*1] (g, g' はともに Z に依存した確率変数とします), 劣微分の定義より

$$\ell(Z, \beta') \geq \ell(Z, \beta) + \langle g, \beta' - \beta \rangle,$$
$$\ell(Z, \beta) \geq \ell(Z, \beta') + \langle g', \beta - \beta' \rangle,$$

であるので, コーシー・シュワルツの不等式より

$$
\begin{aligned}
|\mathrm{E}_Z[\ell(Z, \beta)] - \mathrm{E}_Z[\ell(Z, \beta')]| &\leq \max\{|\mathrm{E}_Z[\langle g, \beta' - \beta\rangle]|, |\mathrm{E}_Z[\langle g', \beta - \beta'\rangle]|\} \\
&\leq \|\beta - \beta'\| \max\{\mathrm{E}_Z[\|g\|], \mathrm{E}_Z[\|g'\|]\} \\
&\leq \|\beta - \beta'\| \max\{\sqrt{\mathrm{E}_Z[\|g\|^2]}, \sqrt{\mathrm{E}_Z[\|g'\|^2]}\} \\
&\leq \|\beta - \beta'\| G
\end{aligned}
$$

が成り立つからです. 逆に損失関数 $\ell(Z, \cdot)$ がリプシッツ連続ならば $g \in \partial_\beta \ell(Z, \beta)$ に対し, 十分小さな $\epsilon > 0$ で $\epsilon\|g\|^2 = \langle \epsilon g, g \rangle \leq \ell(Z, \beta + \epsilon g) - \ell(Z, \beta) \leq \epsilon G\|g\|$ が, ある G に対し成り立ちます. これより, $\|g\|^2 \leq G^2$ が導けます.

2つ目の仮定は本質的ではありません. 不等式評価を簡潔にするための仮定であり, この仮定が満たされていなくても本質を変えることなく少しの修正で以下の理論は通ります.

また, $z_{1:t} = (z_1, \ldots, z_t)$, $\bar{\beta}_t = \frac{1}{t+1} \sum_{\tau=0}^{t} \beta_\tau$ と書きます.

定理 4.3.2

任意の $\beta^* \in \mathcal{B}$ を固定します. 仮定 4.3.1 のもと, $\mathrm{E}_{z_{1:t}}[\|\beta_t - \beta^*\|^2] \leq D^2$ ($\forall t \geq 1$) ならば, $\eta_t = \sqrt{t}\eta_0$ とすると,

$$\mathrm{E}_{z_{1:T}}[L_\psi(\bar{\beta}_T)] - L_\psi(\beta^*) \leq \frac{\eta_0 D^2 + \frac{G^2}{\eta_0}}{\sqrt{T+1}}.$$

証明は後述の定理 4.3.5 とその後の議論で与えられます.

[*1] $\partial_\beta \ell(Z, \cdot)$ は Z を固定したもとでの第 2 変数 β に関する劣微分であるとします.

さて，

$$R := \sup\{\|\beta - \beta'\| \mid \beta, \beta' \in \mathcal{B}\}$$

とすると，上の定理で，D^2 をより緩い上界 R^2 で置き換えた不等式も成り立ちます．ここで，$\eta_0 = \frac{G}{R}$ とすれば，

$$\mathrm{E}_{z_{1:T}}[L_\psi(\bar{\beta}_T)] - L_\psi(\beta^*) \leq \frac{2RG}{\sqrt{T+1}},$$

が成り立ちます．なお，この収束レート $O\left(\frac{RG}{\sqrt{T}}\right)$ はミニマックス最適であるということが知られています (4.6 節を参照)．

また，収束レートに正則化項の性質は陽には現れていません．これは好ましい性質です．たとえば正則化項として L_1 正則化（$\psi(\beta) = \|\beta\|_1$）を用いた場合，$\|\beta - \beta'\|_1 \leq \sqrt{p}\|\beta - \beta'\|$ からリプシッツ定数は $G \geq \sqrt{p}$ となり，次元に依存した量が現れてしまいます．よって，近接勾配法を用いない単純な劣勾配法（式 (4.7)）はこの分だけ収束が遅くなってしまいます．特に次元が高い学習問題ではその影響は無視できないものになります．

4.3.3 確率的勾配降下法の収束レート（強凸）

次に，期待誤差 $L_\psi(\beta)$ が強凸である場合の収束レートを示しましょう．強凸の場合，β_t が最適解 β^* から遠ければ汎化誤差が大きくなりますので，β_t はなるべく β^* の近くを動くようになります．そのため探索範囲が狭まり，結果としてより速い収束を達成します．

仮定 4.3.3

1. 期待誤差 $L_\psi(\beta)$ は α-強凸: $\forall \beta \in \mathcal{B}, \forall g \in \partial L_\psi(\beta)$,

$$\langle g, \beta' - \beta \rangle + \frac{\alpha}{2}\|\beta - \beta'\|^2 + L_\psi(\beta) \leq L_\psi(\beta') \quad (\forall \beta' \in \mathcal{B}).$$

2. 仮定 4.3.1 が成り立っている．

強凸な目的関数において最適な収束レートを得るため，更新式を次のように修正します:

$$\beta_t = \operatorname*{argmin}_{\beta \in \mathcal{B}} \left\{ \left\langle \frac{t}{t+1} g_t, \beta \right\rangle + \psi(\beta) + \frac{\eta_t}{2} \|\beta - \beta_{t-1}\|^2 \right\}$$

$$= \operatorname{prox}_{\psi/\eta_t}^{\mathcal{B}} \left(\beta_{t-1} - \frac{1}{\eta_t} \frac{t}{t+1} g_t \right). \tag{4.9}$$

このとき，次が成り立ちます．

定理 4.3.4

任意の $\beta^* \in \mathcal{B}$ を固定します．仮定 4.3.3 のもと，$\bar{\beta}_t = \frac{2}{(t+1)(t+2)} \sum_{\tau=0}^{t} (\tau+1)\beta_\tau$ とし $\eta_t = \frac{\alpha t}{2}$ とすると，更新式 (4.9) に従うことで

$$\mathrm{E}_{z_{1:T}}[L_\psi(\bar{\beta}_T)] - L_\psi(\beta^*) \le \frac{2G^2}{\alpha(T+2)}$$

が成り立ちます．

証明は後述の定理 4.3.5 とその後の議論で与えられます．

上の定理で，$\bar{\beta}_t = \frac{2}{(t+1)(t+2)} \sum_{\tau=0}^{t} (\tau+1)\beta_\tau$ とおきましたが，これは**多項式減衰平均化**（**polynomial-decay averaging**）と呼ばれ，

$$\bar{\beta}_t = \frac{(t+1)t}{(t+1)(t+2)} \bar{\beta}_{t-1} + \frac{2}{t+2} \beta_t,$$

なる更新式で逐次的に計算ができます [16,35]．ここで，もし $\bar{\beta}_T = \frac{1}{T+1} \sum_{t=0}^{T} \beta_t$ のように普通の平均を用いた場合，収束レートは $O\left(\frac{\log(T)}{T}\right)$ までしか抑えられません．実際，汎化誤差が $\frac{\log(T)}{T}$ で下から抑えられる例が作れます [27]．よって，多項式減衰平均化を用いることで $\log(T)$ だけオーダーを改善できていることがわかります．実は，強凸損失のオンライン学習の場合，そのリグレットは $O\left(\frac{\log(T)}{T}\right)$ がミニマックス最適です．一方，確率的最適化における期待損失は $O\left(\frac{G^2}{\alpha T}\right)$ がミニマックス最適な収束レートです (4.6 節を参照)．この $\log(T)$ の違いはリグレットと期待損失で大きく異る点です．

なお，$O(1/T)$ を達成するためには α をあらかじめ知っていて，ステップ

サイズ η_t が適切に設定されている必要があります．さもなくば，収束は保証されません．この点には注意が必要です．

4.3.4　確率的勾配降下法の収束レートの証明（一般形）

確率的勾配降下法の収束レートを一般化して証明しましょう．ここでは，論文 [16, 35] で用いられた議論を近接勾配法にも適用できるよう修正し，平均のとり方を一般化したものを紹介します．β_t の平均のとり方を一般化した確率的勾配降下法を以下のように定めます．ある重み列 s_t ($t = 1, \ldots, T+1$) ($s_t \geq 0, \sum_{t=1}^{T+1} s_t = 1$) を用いて

$$
\beta_t = \underset{\beta \in \mathcal{B}}{\operatorname{argmin}} \left\{ \left\langle \frac{s_t}{s_{t+1}} g_t, \beta \right\rangle + \psi(\beta) + \frac{\eta_t}{2} \| \beta - \beta_{t-1} \|^2 \right\}
$$
$$
= \operatorname{prox}_{\psi/\eta_t}^{\mathcal{B}} \left(\beta_{t-1} - \frac{1}{\eta_t} \frac{s_t}{s_{t+1}} g_t \right) \tag{4.10}
$$

と更新します（ただし，$0/0 = 1$ とします）．また，$\bar{\beta}_T = \sum_{t=0}^{T} s_{t+1} \beta_t$ とします．

すると，式 (4.10) で与えられる（一般化した）確率的勾配降下法は次のような収束レートを達成します．

定理 4.3.5

任意の $\beta^* \in \mathcal{B}$ を固定します．$\tilde{\eta}_t$ ($t = 0, \ldots, T+1$) を $\tilde{\eta}_{T+1} = \eta_T$, $\tilde{\eta}_t = \eta_t$ ($t = 1, \ldots, T$), $\tilde{\eta}_0 = 0$ とします．仮定 4.3.1 が満たされており，L_ψ が α-強凸（$\alpha \geq 0$, $\alpha = 0$ も許します），s_t が単調非減少であるとします．すると，$\mathrm{E}_{z_{1:t}}[\|\beta_t - \beta^*\|^2] \leq D^2$ ($\forall t \geq 1$) ならば，

$$
\mathrm{E}_{z_{1:T}}[L_\psi(\bar{\beta}_T)] - L_\psi(\beta^*)
$$
$$
\leq \sum_{t=1}^{T} \frac{s_{t+1}}{2\tilde{\eta}_{t+1}} G^2 + \sum_{t=0}^{T-1} \frac{\max\{ s_{t+2}\eta_{t+1} - s_{t+1}(\tilde{\eta}_t + \alpha), 0 \}}{2} D^2.
$$

これを用いて具体的に収束レートを導出してみましょう．

一般の凸関数 (定理 4.3.2) $s_t = \frac{1}{T+1}$, $\eta_t = \eta_0\sqrt{t}$ とすると, $s_t/s_{t+1} = 1$ であり定理 4.3.2 の設定になります. このとき,

$$\sum_{t=1}^{T} \frac{s_{t+1}}{2\tilde{\eta}_{t+1}} G^2 \le \frac{1}{T+1} \sum_{t=1}^{T} \frac{1}{2\eta_0\sqrt{t}} G^2 \le \frac{G^2}{\eta_0\sqrt{T+1}},$$

$$\sum_{t=0}^{T-1} \frac{\max\{s_{t+2}\eta_{t+1} - s_{t+1}(\tilde{\eta}_t + \alpha), 0\}}{2} D^2 \le \frac{\eta_0\sqrt{T}}{T+1} D^2 \le \frac{\eta_0 D^2}{\sqrt{T+1}},$$

より, 次の収束レートを得ます:

$$\mathrm{E}_{z_{1:T}}[L_\psi(\bar{\beta}_T)] - L_\psi(\beta^*) \le \frac{\eta_0 D^2 + \frac{G^2}{\eta_0}}{\sqrt{T+1}}.$$

強凸関数 (定理 4.3.4) $s_t = \frac{2t}{(T+1)(T+2)}$, $\eta_t = \frac{\alpha}{2}t$ とすると, 定理 4.3.4 の設定になります. このとき,

$$\sum_{t=1}^{T} \frac{s_{t+1}}{2\tilde{\eta}_{t+1}} G^2 = \frac{2G^2}{(T+1)(T+2)} \left(\sum_{t=1}^{T-1} \frac{t+1}{\alpha(t+1)} + \frac{T+1}{\alpha T} \right) \le \frac{2G^2}{\alpha(T+2)},$$

$$\sum_{t=0}^{T-1} \frac{\max\{s_{t+2}\eta_{t+1} - s_{t+1}(\tilde{\eta}_t + \alpha), 0\}}{2} D^2 \le 0,$$

となるので, 次の収束レートを得ます:

$$\mathrm{E}_{z_{1:T}}[L_\psi(\bar{\beta}_T)] - L_\psi(\beta^*) \le \frac{2G^2}{\alpha(T+2)}.$$

なお, 多項式減衰平均化せず $s_t = \frac{1}{T+1}$, $\eta_t = \alpha t$ とした場合は次のようになります:

$$\mathrm{E}_{z_{1:T}}[L_\psi(\bar{\beta}_T)] - L_\psi(\beta^*) \le \frac{G^2 \log(T)}{\alpha(T+1)}.$$

上に述べたもの以外にも,

$$s_t = \frac{\tilde{\eta}_t^{-1}}{\sum_{\tau=1}^{T+1} \tilde{\eta}_\tau^{-1}} \qquad (t = 1, \dots, T+1)$$

かつ η_t は単調非減少という状況がしばし考察されます [20]. この場合,

$$\mathrm{E}_{z_{1:T}}[L_\psi(\bar{\beta}_T)] - L_\psi(\beta^*) \leq \frac{\sum_{t=1}^{T} \eta_t^{-2} G^2 + D^2}{2 \sum_{\tau=1}^{T+1} \tilde{\eta}_\tau^{-1}}$$

となります．これより期待誤差の収束は

$$\sum_{t=1}^{\infty} \eta_t^{-1} = \infty, \quad \sum_{t=1}^{\infty} \eta_t^{-2} < \infty$$

が満たされれば保証されることがわかります．この条件はロビンスとモンローによる論文 [30] にも現れるほか，凸最適化において頻繁に現れる条件です．直感的には $\sum_{t=1}^{\infty} \eta_t^{-1} = \infty$ によって実行可能領域全域へ到達可能であることを保証し，$\sum_{t=1}^{\infty} \eta_t^{-2} < \infty$ によってステップサイズが十分速く 0 へ収束することを保証します．ステップサイズが 0 へ収束するのが速すぎては遠くへ到達できませんし，遅すぎてもいつまでも探索を続けることになり最適解への収束が遅くなってしまいます．そのため，ちょうどよいバランスをとる必要があるわけです．

定理 4.3.5 の証明． 凸集合 $\mathcal{B}$ の標示関数を

$$\delta_\mathcal{B}(\beta) = \begin{cases} 0 & (\beta \in \mathcal{B}), \\ \infty & (\text{otherwise}), \end{cases}$$

とします．$\beta \in \mathcal{B}$ である限りは $\psi(\beta) = \psi(\beta) + \delta_\mathcal{B}(\beta)$ であることに注意しておきます．

表記の簡便さのため凸関数 f の x における劣微分の任意の元もまた $\partial f(x)$ を書きます．z_{t+1} は β_t と独立なので，$\mathrm{E}_{z_{t+1}}[\ell_{t+1}(\beta_t)] = L(\beta_t)$ であることから，劣微分の定義と L_ψ の強凸性を用いることで

$$L_\psi(\beta_t) - L_\psi(\beta^*)$$
$$\leq \langle \beta_t - \beta^*, \partial L_\psi(\beta_t) \rangle - \frac{\alpha}{2} \|\beta_t - \beta^*\|^2$$
$$= \langle \beta_t - \beta^*, \mathrm{E}_{z_{t+1}}[\partial(\ell_{t+1} + \psi + \delta_\mathcal{B})(\beta_t)] \rangle - \frac{\alpha}{2} \|\beta_t - \beta^*\|^2$$
$$= \mathrm{E}_{z_{t+1}} \left[\langle \beta_t - \beta^*, g_{t+1} + \partial(\psi + \delta_\mathcal{B})(\beta_t) \rangle - \frac{\alpha}{2} \|\beta_t - \beta^*\|^2 \right] \qquad (4.11)$$

がわかります．

式 (4.11) の右辺を評価してゆきましょう．まず，コーシー・シュワルツの不等式 (補題 A.1.1) より，$t = 1, \ldots, T-1$ で

$$
\langle g_{t+1}, \beta_t - \beta^* \rangle
$$
$$
\leq \langle g_{t+1}, \beta_t - \beta_{t+1} \rangle + \langle g_{t+1}, \beta_{t+1} - \beta^* \rangle
$$
$$
\leq \frac{\|g_{t+1}\|^2}{2\eta_{t+1}} + \frac{\eta_{t+1}}{2} \|\beta_t - \beta_{t+1}\|^2 + \langle g_{t+1}, \beta_{t+1} - \beta^* \rangle \tag{4.12}
$$

を得ます．また，$t = T$ においては

$$
\langle g_{T+1}, \beta_T - \beta^* \rangle \leq \frac{\|g_{T+1}\|^2}{2\eta_T} + \frac{\eta_T}{2} \|\beta_T - \beta^*\|^2
$$

となります．

一方で，$\beta_t = \mathrm{prox}_{\psi/\eta_t + \delta_{\mathcal{B}}}(\beta_{t-1} - \frac{s_t}{\eta_t s_{t+1}} g_t)$ であるので，定理 2.4.3 を適用することで，

$$
\beta_{t-1} - \frac{s_t}{\eta_t s_{t+1}} g_t - \beta_t \in \partial(\psi/\eta_t + \delta_{\mathcal{B}})(\beta_t)
$$

がわかります．ここで，

$$
\eta_t \left\langle \beta^* - \beta_t, \beta_t - \left(\beta_{t-1} - \frac{s_t}{\eta_t s_{t+1}} g_t \right) \right\rangle
$$
$$
= \eta_t \langle \beta^* - \beta_t, \beta_t - \beta_{t-1} \rangle + \frac{s_t}{s_{t+1}} \langle g_t, \beta^* - \beta_t \rangle
$$
$$
= \eta_t \left(\frac{\|\beta^* - \beta_{t-1}\|^2}{2} - \frac{\|\beta_t - \beta^*\|^2}{2} - \frac{\|\beta_t - \beta_{t-1}\|^2}{2} \right)
$$
$$
- \frac{s_t}{s_{t+1}} \langle g_t, \beta_t - \beta^* \rangle \tag{4.13}
$$

となることに注意しておきます．ただし，3 行目では補題 A.1.2 を用いました．

すると，式 (4.12) と式 (4.13) より，式 (4.11) の右辺は $t = 1, \ldots, T-1$ で

$$L_\psi(\beta_t) - L_\psi(\beta^*)$$

$$\leq \mathrm{E}_{z_{t+1}} \left[\frac{\|g_{t+1}\|^2}{2\eta_{t+1}} + \frac{\eta_{t+1}}{2} \|\beta_t - \beta_{t+1}\|^2 + \langle g_{t+1}, \beta_{t+1} - \beta^* \rangle \right.$$

$$+ \eta_t \left(\frac{\|\beta_{t-1} - \beta^*\|^2}{2} - \frac{\|\beta_t - \beta^*\|^2}{2} - \frac{\|\beta_t - \beta_{t-1}\|^2}{2} \right)$$

$$\left. - \frac{s_t}{s_{t+1}} \langle g_t, \beta_t - \beta^* \rangle - \frac{\alpha}{2} \|\beta_t - \beta^*\|^2 \right]$$

$$= \mathrm{E}_{z_{t+1}} \left[\frac{\|g_{t+1}\|^2}{2\eta_{t+1}} + \left(\frac{\eta_t}{2} \|\beta_{t-1} - \beta^*\|^2 - \frac{\eta_t + \alpha}{2} \|\beta_t - \beta^*\|^2 \right) \right.$$

$$+ \left(\frac{\eta_{t+1}}{2} \|\beta_{t+1} - \beta_t\|^2 - \frac{\eta_t}{2} \|\beta_t - \beta_{t-1}\|^2 \right)$$

$$\left. + \left(\langle g_{t+1}, \beta_{t+1} - \beta^* \rangle - \frac{s_t}{s_{t+1}} \langle g_t, \beta_t - \beta^* \rangle \right) \right]$$

と評価されます. $t = T$ においては,

$$L_\psi(\beta_T) - L_\psi(\beta^*)$$

$$\leq \mathrm{E}_{z_{T+1}} \left[\frac{\|g_{T+1}\|^2}{2\eta_T} + \frac{\eta_T}{2} \|\beta_T - \beta^*\|^2 \right.$$

$$+ \eta_T \left(\frac{\|\beta_{T-1} - \beta^*\|^2}{2} - \frac{\|\beta_T - \beta^*\|^2}{2} - \frac{\|\beta_T - \beta_{T-1}\|^2}{2} \right)$$

$$\left. - \frac{s_T}{s_{T+1}} \langle g_T, \beta_T - \beta^* \rangle - \frac{\alpha}{2} \|\beta_T - \beta^*\|^2 \right]$$

$$\leq \mathrm{E}_{z_{T+1}} \left[\frac{\|g_{T+1}\|^2}{2\eta_T} + \frac{\eta_T}{2} \|\beta_{T-1} - \beta^*\|^2 - \frac{\eta_T}{2} \|\beta_T - \beta_{T-1}\|^2 \right.$$

$$\left. - \frac{s_T}{s_{T+1}} \langle g_T, \beta_T - \beta^* \rangle \right]$$

と評価され, $t = 0$ においては

$$L_\psi(\beta_0) - L_\psi(\beta^*) \leq \mathrm{E}_{z_1} \left[\langle g_1, \beta_0 - \beta^* \rangle + \psi(\beta_0) - \psi(\beta^*) \right] - \frac{\alpha}{2} \|\beta_0 - \beta^*\|^2$$

と評価されます.

これらを総合して,$s_t \geq s_{t-1}$ であることから

$$\mathrm{E}_{z_{1:T+1}}[L_\psi(\bar{\beta}_T) - L_\psi(\beta^*)]$$

$$\leq \mathrm{E}_{z_{1:T+1}}\left[\sum_{t=0}^T s_{t+1}(L_\psi(\beta_t) - L_\psi(\beta^*))\right] \quad (\because \text{イエンセンの不等式})$$

$$\leq \mathrm{E}_{z_{1:T+1}}\left[\sum_{t=1}^T \frac{s_{t+1}\|g_{t+1}\|^2}{2\tilde{\eta}_{t+1}} + \sum_{t=1}^{T-1} \frac{s_{t+2}\eta_{t+1} - s_{t+1}(\eta_t + \alpha)}{2}\|\beta_t - \beta^*\|^2\right.$$

$$+ \frac{s_2\eta_1}{2}\|\beta_0 - \beta^*\|^2 - \frac{s_2\eta_1}{2}\|\beta_1 - \beta_0\|^2$$

$$\left. - s_1\langle g_1, \beta_1 - \beta_0\rangle + s_1(\psi(\beta_0) - \psi(\beta^*)) - \frac{s_1\alpha}{2}\|\beta_0 - \beta^*\|^2\right]$$

を得ます.最後に $-\frac{s_2\eta_1}{2}\|\beta_1 - \beta_0\|^2 + s_1\langle g_1, \beta_1 - \beta_0\rangle \leq \frac{s_1^2}{2\eta_1 s_2}\|g_1\|^2 \leq \frac{s_2}{2\eta_1}\|g_1\|^2$ と $\beta_0 = \mathbf{0}$, $\psi(\mathbf{0}) = 0$, $\psi(\cdot) \geq 0$ を用いることで題意を得ます.　□

4.3.5　確率的鏡像降下法

確率的勾配降下法では 1 ステップ前のパラメータ値 β_{t-1} から遠くに離れないよう,$\frac{\eta_t}{2}\|\beta - \beta_{t-1}\|^2$ という項がありました (式 (4.5)).この項がステップサイズを決めていたわけですが,パラメータの空間によっては,パラメータの「近さ」をはかるのにユークリッド距離が必ずしも適切であるとは限りません.そこで,より一般的な距離空間を考えられるよう勾配降下法を拡張したものが**鏡像降下法（mirror descent）**です.鏡像降下法ではユークリッド距離（の 2 乗）を拡張した**ブレグマンダイバージェンス（Bregman divergence）**とよばれる尺度を用います.

> ### 定義 4.1（ブレグマンダイバージェンス）
>
> $\phi : \mathbb{R}^p \to \mathbb{R}$ を連続微分可能な狭義凸関数とします.ϕ で特徴づけられるブレグマンダイバージェンスは
>
> $$B_\phi(\beta\|\beta') := \phi(\beta) - \phi(\beta') - \langle\nabla\phi(\beta'), \beta - \beta'\rangle$$
>
> と定義されます.

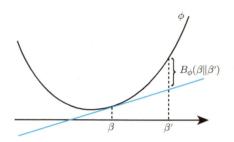

図 4.2 ブレグマンダイバージェンス

劣微分の性質と ϕ の狭義凸性より，$B_\phi(\beta||\beta') \geq 0$ $(\forall \beta, \beta')$ かつ $B_\phi(\beta||\beta') = 0 \Leftrightarrow \beta = \beta'$ であることがわかります（図4.2を参照）.

ブレグマンダイバージェンスのいくつかの例を示しましょう.

ブレグマンダイバージェンスの例

- $\phi(\beta) = \frac{1}{2}\|\beta\|^2$ のとき，
$$B_\phi(\beta||\beta') = \frac{1}{2}\|\beta - \beta'\|^2.$$

- $\phi(\beta) = \sum_{j=1}^{p} \beta_j \log(\beta_j) - \sum_{j=1}^{p} \beta_j$ $(\beta \in \mathbb{R}^p,\ \beta_j \geq 0)$，ただし $0 \times \log(0) = 0$ とします．このとき，
$$B_\phi(\beta||\beta') = \sum_{j=1}^{p} \beta_j \log\left(\frac{\beta_j}{\beta'_j}\right) - \sum_{j=1}^{p} \beta_j + \sum_{j=1}^{p} \beta'_j.$$

特に2番目の例は β が確率分布を表すとき，つまり $\sum_{j=1}^{p} \beta_j = 1$ かつ $\beta_j \geq 0\ (\forall j)$ を満たすとき，**KL ダイバージェンス（Kullback-Leibler divergence, KL divergence）**と呼ばれています．KL ダイバージェンスは確率分布間の遠近をはかるのに数々の望ましい性質を有しており，機械学習だけでなく統計学や情報理論でも非常に重要な役割を果たしています．

さて，このブレグマンダイバージェンスを用いて，確率的鏡像降下法は次のように与えられます．

4.3 確率的勾配降下法 (SGD)   67

アルゴリズム 4.4 確率的鏡像降下法

$\beta_0 \in \mathcal{B}$ を初期化.
時刻 $t = 1, 2, \ldots, T$ で以下を実行:

1. $z_t \sim P(Z)$ を観測.
2. $g_t \in \partial \ell_t(\beta_{t-1})$ を計算.
3. β_t を次のようにして更新:

$$\beta_t = \operatorname*{argmin}_{\beta \in \mathcal{B}} \left\{ \langle g_t, \beta \rangle + \psi(\beta) + \eta_t B_\phi(\beta || \beta_{t-1}) \right\}.$$

簡単のため正則化項なしの場合,すなわち $\psi = 0$ であるという状況で鏡像降下法について解説しましょう.鏡像降下法は双対変数の世界で更新をしている方法とみなせます.変数 β の「裏の姿」としての双対変数を $\beta \leftrightarrow \nabla\phi(\beta)$ として対応させます.ϕ は狭義凸関数で連続微分可能ですので,この対応は 1 対 1 対応です.実際,劣微分の性質より $\beta = \nabla\phi^*(\nabla\phi(\beta))$ なる関係が成り立ちます.今,

$$\beta_t = \operatorname*{argmin}_{\beta \in \mathcal{B}} \left\{ \langle g_t - \eta_t \nabla\phi(\beta_{t-1}), \beta \rangle + \eta_t \phi(\beta) \right\}$$

と書けるので,β_t は $g_t - \eta_t \nabla\phi(\beta_{t-1}) + \eta_t \nabla\phi(\beta_t) = 0$ を満たします.よって

$$\nabla\phi(\beta_t) = -\frac{1}{\eta_t} g_t + \nabla\phi(\beta_{t-1}). \tag{4.14}$$

が成り立ちます.つまり,双対変数 $\nabla\phi(\beta_{t-1})$ を勾配方向へ $-\frac{1}{\eta_t} g_t$ だけ更新するということを毎ステップで行っているわけです.g_t は勾配なのでこれも双対変数とみなせますので,更新式は双対変数に双対変数を足し込んで更新するという形になっています.このように,双対変数の世界で閉じた形で更新するという自然な形が鏡像降下法では現れます.元来,主変数と双対変数は定義されている世界が異なりますので,互いに足しあわせたりすることは

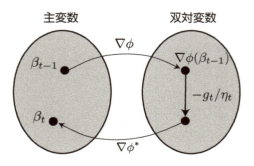

図 4.3 鏡像降下法の更新

できませんが[*2],鏡像降下法ではこの点が正しく処理されています.この更新式をまとめますと,

$$\beta_t = \nabla \phi^* \left(-\frac{1}{\eta_t} g_t + \nabla \phi(\beta_{t-1}) \right)$$

となります.このように,双対の世界ともとの世界を行き来して更新するという意味で「鏡像」降下法と呼ばれています.

> **例 4.3.6**
>
> 目的関数が細長い楕円のような凸関数の場合,楕円を円に補正するような ϕ を用いることで収束を促進することが可能です.ある正定値対称行列 A を用いて $\ell_t(\beta) = \frac{1}{2}\beta^\top A\beta = \frac{1}{2}\|\beta\|_A^2$ と書けて $\psi(\cdot) = 0$ である場合を考えましょう.この場合,$g_t = A\beta_t$ です.$\phi(\beta) = \frac{1}{2}\|\beta\|_A^2$ とすれば,$\beta_t = \beta_{t-1} - \beta_{t-1}/\eta_t$ となり,最適解(原点)へ向けて一直線に進んでいることがわかります(図4.4).一方,ユークリッドノルム $\phi(\beta) = \frac{1}{2}\|\beta\|^2$ ならば,$\beta_t = \beta_{t-1} - A\beta_{t-1}/\eta_t$ であり,一直線には進んでいません.この場合,鏡像降下法は 2 次関数のニュートン・ラフソン法(**Newton-Raphson method**)による最適化になっています.

[*2] たとえば主変数 β がメートル (m) を単位として定義されていた場合,双対変数は 1/m を単位として定義されます.それらの足し算は本来はできません.

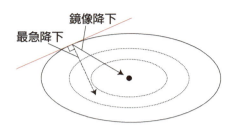

図 4.4 2 次関数上での鏡像降下法

例 4.3.7

確率単体 $\mathcal{B} = \{\beta \in \mathbb{R}^p \mid \beta_j \geq 0 \ (\forall j), \ \sum_{j=1}^{p} \beta_j = 1\}$ を定義域とし，B_ϕ として KL ダイバージェンスを用い，$\psi = 0$ なる場合の更新式を与えましょう．ラグランジュの未定乗数法を用いることで更新式は

$$\beta_{t,j} = \frac{1}{c_t} \exp(\log(\beta_{t-1,j}) - g_{t,j}/\eta_t)$$

と書けることがわかります．ただし，$c_t = \sum_{j=1}^{p} \exp(\log(\beta_{t-1,j}) - g_{t,j}/\eta_t)$ です．これは**指数勾配降下法（exponentiated gradient descent）**と呼ばれる手法になっています．

鏡像降下法でも勾配降下法と同様の収束レートが示されます．収束レートの導出をするため，以下の仮定をおきます．

仮定 4.3.8

1. ある正定値対称行列 $H_\phi \succ O$ が存在して

$$B_\phi(\beta \| \beta') \geq \frac{1}{2} \|\beta - \beta'\|_{H_\phi}^2 \ (\forall \beta, \beta' \in \mathcal{B}).$$

ただし，半正定値対称行列 H に対して $\|\beta\|_H := \sqrt{\beta^\top H \beta}$ とします．

2. $\exists G > 0$ で，$\forall t$ において，

$$\mathrm{E}[\|g_t\|_{H_\phi^{-1}}^2] \leq G^2.$$

ここでは $0 \in \mathcal{B}$ は仮定しません.

定理 4.3.9

任意の $\beta^* \in \mathcal{B}$ を固定します. 仮定 4.3.8 のもと, $\mathrm{E}_{z_{1:t}}[B_\phi(\beta^*\|\beta_t)]$ $\leq D^2/2 \ (\forall t \geq 1)$ とします. すると, $\eta_t = \sqrt{t}\eta_0$ とおけば,

$$
\mathrm{E}_{z_{1:T}}\left[L_\psi\left(\frac{1}{T+1}\sum_{t=0}^{T}\beta_t \right) \right] - L_\psi(\beta^*)
$$
$$
\leq \frac{\eta_0 D^2 + G^2/\eta_0}{\sqrt{T+1}}.
$$

容易に確認できるように $\phi(\beta) = \frac{1}{2}\|\beta\|^2$ とすれば, 普通の確率的勾配降下法の収束レート (定理 4.3.2) が復元されます. ユークリッドノルムを用いた場合と異なり, 上の定理に現れる D や G にはパラメータ空間の構造が反映されており, ϕ を適切に設定することで, この上界を小さくできます. 最適解の位置や解の軌道によって, 望ましい ϕ は変わりますが, 4.5 節では近似的になるべくよい ϕ を見つけてくる AdaGrad と呼ばれる手法を紹介します.

証明. 定理 4.3.5 の証明とほぼ同様にして示されます. ただし, 以下の点を変更します. まず, コーシー・シュワルツの不等式より, 任意の $\beta, \beta' \in \mathcal{B}$ に対して

$$
\begin{aligned}
\langle g_t, \beta - \beta' \rangle &= \langle H_\phi^{-\frac{1}{2}} g_t, H_\phi^{\frac{1}{2}}(\beta - \beta') \rangle \\
&\leq \frac{1}{2\eta_t}\|g_t\|^2_{H_\phi^{-1}} + \frac{\eta_t}{2}\|\beta - \beta'\|^2_{H_\phi} \\
&\leq \frac{1}{2\eta_t}\|g_t\|^2_{H_\phi^{-1}} + \eta_t B_\phi(\beta'\|\beta)
\end{aligned}
$$

です[*3]. さらに, B_ϕ の定義より

$$
\langle \beta^* - \beta_t, \nabla\phi(\beta_t) - \nabla\phi(\beta_{t-1}) \rangle = B_\phi(\beta^*\|\beta_{t-1}) - B_\phi(\beta_t\|\beta_{t-1}) - B_\phi(\beta^*\|\beta_t)
$$

を得ます. これらのことから, 定理 4.3.5 の証明に現れる $\frac{1}{2}\|\beta - \beta'\|^2$ なる項

[*3]　ここは $\langle g_t, \beta - \beta' \rangle \leq \eta_t B_{\phi^*}(\frac{g_t}{\eta_t} + \nabla\phi(\beta)\|\nabla\phi(\beta)) + \eta_t B_\phi(\beta'\|\beta)$ とも評価することができます.

を $B_\phi(\beta'\|\beta)$ に，$\|g_t\|^2$ を $\|g_t\|^2_{H_\phi^{-1}}$ におきかえることで示されます． □

期待誤差 L_ψ が強凸な場合の鏡像降下法の収束についても述べましょう．

仮定 4.3.10

1. 期待誤差 $L_\psi(\beta)$ は B_ϕ について α-強凸: $\forall \beta \in \mathcal{B}, \forall g \in \partial L_\psi(\beta)$,

$$\langle g, \beta' - \beta \rangle + \alpha B_\phi(\beta'\|\beta) + L_\psi(\beta) \le L_\psi(\beta') \quad (\forall \beta' \in \mathcal{B}).$$

2. 仮定 4.3.8 が成り立っている．

このとき，鏡像降下法の更新式を次のように修正します．

$$\beta_t = \underset{\beta \in \mathcal{B}}{\mathrm{argmin}} \left\{ \left\langle \frac{t}{t+1} g_t, \beta \right\rangle + \psi(\beta) + \eta_t B_\phi(\beta\|\beta_{t-1}) \right\}.$$

定理 4.3.11

仮定 4.3.10 のもと，$\bar{\beta}_t = \frac{2}{(t+2)(t+1)} \sum_{\tau=0}^{t} (\tau+1)\beta_\tau$ とし $\eta_t = \frac{\alpha t}{2}$ とすると，任意の $\beta^* \in \mathcal{B}$ に対して

$$\mathrm{E}_{z_{1:T}}[L_\psi(\bar{\beta}_T)] - L_\psi(\beta^*) \le \frac{2G^2}{\alpha(T+2)}$$

が成り立ちます．

証明は定理 4.3.5 および定理 4.3.9 と同様です．

4.3.6 ネステロフの加速法の適用

滑らかな凸関数の最適化を勾配法で解く際，ネステロフの加速法（**Nesterov's acceleration**）と呼ばれる技法を用いることで収束レートを改善させることができます [22,23,25]（付録 A.2 を参照）．この技法は実装が簡単なため広く用いられています．ネステロフの加速法は確率的勾配降下法にも適用できますが，収束レートは $O(1/\sqrt{T})$ のまま変わりません．しかし，勾配の分散が小さければ $O(1/T^2)$ 近くまで改善されます．

72   **Chapter 4** オンライン型確率的最適化

今，$L(\beta)$ が γ-平滑だとします $(\gamma > 0)$:

$$\|\nabla L(\beta) - \nabla L(\beta')\| \leq \gamma \|\beta - \beta'\| \quad (\forall \beta, \beta' \in \mathbb{R}^p).$$

また，勾配 $\nabla_\beta \ell(Z, \beta)$ の分散が σ^2 で上から抑えられているとします:

$$\mathrm{E}_Z[\|\nabla_\beta \ell(Z, \beta) - \nabla L(\beta)\|^2] \leq \sigma^2.$$

L_ψ の強凸性パラメータを μ とします（ただし，$\mu = 0$ も許します）．

アルゴリズム 4.5　ネステロフの加速法を用いた確率的勾配降下法

$\beta_0 = \mu_0 = \zeta_0 = \mathbf{0} \in \mathbb{R}^p$ と初期化.
時刻 $t = 1, 2, \ldots, T$ で以下を実行:

1. α_t, η_t を適切に設定.
2. μ_t, β_t, ζ_t を次のようにして更新:

$$\mu_t = (1 - \alpha_t)\beta_{t-1} + \alpha_t \zeta_{t-1},$$
$$\beta_t = \underset{\beta \in \mathcal{B}}{\operatorname{argmin}} \left\{ \langle \nabla \ell_t(\mu_t), \beta \rangle + \psi(\beta) + \frac{\eta_t}{2}\|\beta - \mu_t\|^2 \right\},$$
$$\zeta_t = \zeta_{t-1} - (\eta_t \alpha_t + \mu)^{-1}[\eta_t(\mu_t - \beta_t) + \mu(\zeta_{t-1} - \mu_t)].$$

このとき，ネステロフの加速法を用いた確率的勾配降下法 (アルゴリズム 4.5) は次の収束レートを達成します．

定理 4.3.12

任意の $\beta^* \in \mathcal{B}$ を固定します．仮定 4.3.1 と L の平滑性のもと，$\mathrm{E}_{z_{1:t}}[\|\beta_t - \beta^*\|^2] \leq D^2 \ (\forall t \geq 1)$ ならば，

$$\alpha_t = \frac{2}{t+2}, \ \eta_t = \frac{\sigma}{D}(t+1)^{\frac{3}{2}} + \gamma$$

とすることで，ある普遍定数 C が存在して，

$$\mathrm{E}_{z_{1:T}}[L_\psi(\beta_T)] - L_\psi(\beta^*) \leq C\left(\frac{\sigma D}{\sqrt{T}} + \frac{D^2 \gamma}{T^2}\right)$$

とできます.

また，$L_\psi(\beta)$ が μ-強凸の場合は，α_t, η_t を次のように設定します:

$$\alpha_t = \sqrt{s_{t-1} + \frac{s_{t-1}^2}{4}} - \frac{s_{t-1}}{2}, \quad \eta_t = \gamma + \mu s_{t-1}^{-1},$$

ただし，$s_t = \prod_{k=1}^{t}(1 - \alpha_t)$. すると，

$$\mathrm{E}_{z_{1:T}}[L_\psi(\beta_T)] - L_\psi(\beta^*) \leq C\left(\frac{\sigma^2}{T\mu} + \frac{D^2(\mu + \gamma)}{T^2}\right),$$

なる収束レートを達成します.

上の定理より，σ^2 が小さくなれば実際に収束が速くなることがわかります. σ^2 を小さくする方法として，1つではなく複数のサンプルで勾配を計算しその平均をとるミニバッチ法が有用です. たとえば k 個のサンプルに関する勾配の平均をとれば，その分散 σ^2 は σ^2/k まで減少します. ミニバッチ法は並列計算にも向いている方法です (6.1.2 節を参照). 証明などの詳細は論文 [12] を参照ください. また，論文 [9,10,17] では，より一般的な形で SGD の加速法が調べられています.

4.4 確率的双対平均化法（SDA）

確率的双対平均化法（stochastic dual averaging, SDA）は，確率的勾配降下法と並んで重要な最適化技法です. 双対平均化法は，もとは非確率的最適化の文脈でネステロフによって提案されましたが [24]，オンライン型確率的最適化にも変形することができます [39]. 確率的勾配降下法の理論解析では，$\mathrm{E}_{z_{1:t}}[\|\beta_t - \beta^*\|^2] \leq D^2$ ($\forall t \geq 1$) なる条件が出てきましたが. 確率的双対平均化法ではこのような条件が必要ありません. すなわち，自動的に変数の有界性が保証されます. また，L_1 正則化のようなスパース正則化を用いたとき，よりスパースになりやすいという実用上の利点もあります.

4.4.1 確率的双対平均化法のアルゴリズムと収束レート

確率的双対平均化法（SDA）の手順をアルゴリズム 4.6 に示します.

アルゴリズム 4.6 確率的双対平均化法（SDA）

$\beta_0 = \mathbf{0} \in \mathbb{R}^p$ と初期化.
時刻 $t = 1, 2, \ldots, T$ で以下を実行:

1. $g_t \in \partial \ell_t(\beta_{t-1})$ を計算.
2. $\bar{g}_t = \frac{1}{t+1} \sum_{\tau=1}^{t} g_\tau$ とする.
3. β_t を次のようにして更新:

$$
\begin{aligned}
\beta_t &= \underset{\beta \in \mathcal{B}}{\operatorname{argmin}} \left\{ \langle \bar{g}_t, \beta \rangle + \psi(\beta) + \frac{\eta_t}{2} \|\beta\|^2 \right\} \\
&= \underset{\beta \in \mathcal{B}}{\operatorname{argmin}} \left\{ \psi(\beta) + \frac{\eta_t}{2} \left\| \beta + \frac{1}{\eta_t} \bar{g}_t \right\|^2 \right\} \\
&= \operatorname{prox}_{\psi/\eta_t}^{\mathcal{B}}(-\bar{g}_t/\eta_t). \qquad (4.15)
\end{aligned}
$$

双対平均化法の更新式（式 (4.15)）においては，勾配降下法で現れた $\frac{\eta_t}{2}\|\beta - \beta_{t-1}\|^2$ なる項が，$\frac{\eta_t}{2}\|\beta\|^2$ に変わっています．勾配降下法では，この項の存在によって更新幅が制御され，過去のサンプルの情報が保持されていました．一方，双対平均化法では $\bar{g}_t$ として勾配の平均をとることで過去のサンプルの情報を保持しています．このように双対変数を平均化するので，「双対平均化」法と呼ばれています.

$\bar{g}_t$ を計算するのに，毎回その平均を計算する必要はありません．$\bar{g}_t = \frac{t}{t+1}\bar{g}_{t-1} + \frac{g_t}{t+1}$ とすれば $\bar{g}_t$ が得られます.

定理 4.4.1

仮定 4.3.1 のもと，$\eta_t = \eta_0 \frac{1}{\sqrt{t+1}}$ として $\bar{\beta}_t = \frac{1}{t+1} \sum_{\tau=0}^{t} \beta_\tau$ とすると，任意の $\beta^* \in \mathcal{B}$ に対し

$$\mathrm{E}_{z_{1:T}}[L_\psi(\bar{\beta}_T)] - L_\psi(\beta^*) \leq \frac{1}{\sqrt{T+1}} \left(\frac{\eta_0 \|\beta^*\|^2}{2} + \frac{G^2}{\eta_0} \right).$$

特に，$\|\beta^*\| = R$ としたとき，$\eta_0 = \frac{G}{R}$ とおけば，

$$\mathrm{E}_{z_{1:T}}[L_\psi(\bar{\beta}_T)] - L_\psi(\beta^*) \leq \frac{2RG}{\sqrt{T}}$$

となります.

　ここで確率的勾配法との違いとして注意していただきたいのは，収束レートに $\mathrm{E}[\|\beta_t - \beta^*\|^2]$ の上界 D^2 が現れていないことです. これは，β_t がアルゴリズムの途中でうまく制御され，そのノルムが抑えられていることによります. たとえば β^* を真の最適解とした場合，これのノルムが十分小さければ期待誤差の上界も十分小さくすることができます.

　また，更新式の中に $\frac{\eta_t}{2}\|\beta\|^2$ があるため β がより原点に縮小され，スパースになりやすいという性質があります. よって，スパース性が望まれる応用では双対平均化法が有用であることが多いです.

　また，確率的勾配法と同様にして，損失関数が平滑な場合のネステロフの加速法を用いた確率的双対平均化法の加速手法も提案されています [3, 39].

4.4.2　強凸な正則化項における確率的双対平均化法

　正則化項 ψ に強凸性を仮定すると，アルゴリズムを修正することで速い収束が得られます (アルゴリズム 4.7).

Chapter 4 オンライン型確率的最適化

アルゴリズム 4.7 確率的双対平均化法 (強凸正則化)

$\beta_0 = \mathbf{0} \in \mathbb{R}^p$ と初期化.
時刻 $t = 1, 2, \ldots, T$ で以下を実行:

1. $g_t \in \partial \ell_t(\beta_{t-1})$ を計算.
2. $\bar{g}_t = \left(\sum_{\tau=1}^{t} \tau g_\tau \right)$ とする.
3. β_t を次のようにして更新:

$$\beta_t = \operatorname*{argmin}_{\beta \in \mathcal{B}} \left\{ \left\langle \frac{2}{(t+1)(t+2)} \bar{g}_t, \beta \right\rangle + \psi(\beta) + \frac{\eta_t}{(t+1)(t+2)} \|\beta\|^2 \right\}$$
$$= \operatorname{prox}^{\mathcal{B}}_{\psi(t+1)(t+2)/(2\eta_t)}(-\bar{g}_t/\eta_t). \tag{4.16}$$

ここで, $\bar{g}_t$ は $\bar{g}_t = \bar{g}_{t-1} + t g_t$ で計算できます. また, 予測には $\bar{\beta}_t = \frac{2}{(t+1)(t+2)} \sum_{\tau=0}^{t} (\tau + 1)\beta_\tau$ を用います.

定理 4.4.2

仮定 4.3.1 が成り立ち ψ が α-強凸のとき, $\eta_t = \eta_0 \geq 0$ $(\forall t \geq 1)$ として $\bar{\beta}_t = \frac{2}{(t+1)(t+2)} \sum_{\tau=0}^{t} (\tau + 1)\beta_\tau$ とすると, アルゴリズム 4.7 は任意の $\beta^* \in \mathcal{B}$ に対し,

$$\mathrm{E}_{z_{1:T}}[L_\psi(\bar{\beta}_T)] - L_\psi(\beta^*) \leq \frac{\eta_0 \|\beta^*\|^2}{(T+1)^2} + \frac{2G^2}{\alpha(T+2)}.$$

が成り立ちます.

上の定理より, ψ が強凸ならば多項式減衰平均化を用いることで, 双対平均化法も $O(1/T)$ の収束を示すことがわかります. また, $\eta_0 \geq 0$ は任意で, 強凸性のパラメータ $\alpha > 0$ を知っている必要はありません. 定理で与えられた汎化誤差の上界は $\eta_0 = 0$ で最小化され, その最小値は

$$\frac{2G^2}{\alpha(T+2)}$$

で与えられます（この場合，正則化項が強凸なので $\frac{1}{2}\|\beta\|^2$ の代わりを果たします）．一方，アルゴリズム 4.6 で $\eta_t = \frac{\eta_0}{t+1}$ とした場合，汎化誤差は

$$C\left[\frac{\eta_0}{T}\|\beta^*\|^2 + \frac{G^2\log(T)}{T\alpha}\right]$$

で抑えられます [39]．これは $\eta_0 = 0$ で最小化され，そのとき

$$O\left(\frac{\log(T)G^2}{T\alpha}\right)$$

です．

4.4.3 確率的双対平均化法の収束レートの証明（一般形）

ここでは，上記の定理 4.4.1 と定理 4.4.2 をより一般的なアルゴリズムを考察することで証明します．

今，s_t $(t = 1, 2, \ldots)$ を任意の正の実数列とします．これを用いて，β_t を次のようにして更新します：

$$\beta_t = \arg\min_{\beta\in\mathcal{B}}\left\{\left\langle\sum_{\tau=1}^{t}s_\tau g_\tau, \beta\right\rangle + \left(\sum_{\tau=1}^{t+1}s_\tau\right)\psi(\beta) + \frac{\eta_t}{2}\|\beta\|^2\right\}. \quad (4.17)$$

これがこれまで紹介してきた確率的双対平均化法の一般形になっていることはすぐに確認できます．このとき，

$$\bar{\beta}_t = \frac{\sum_{\tau=0}^{t}s_{\tau+1}\beta_\tau}{\sum_{\tau=0}^{t}s_{\tau+1}}$$

の収束を考察します．

定理 4.4.3

仮定 4.3.1 が成り立ち ψ が α-強凸とします ($\alpha = 0$ も許します). また, η_t $(t = 1, 2, \ldots)$ は単調非減少な正の実数列とし, $\eta_0 = \eta_1$ とします. すると, 更新式 4.17 で与えられる確率的双対平均化法は任意の $\beta^* \in \mathcal{B}$ に対し,

$$E_{z_{1:T}}[L_\psi(\bar{\beta}_T)] - L_\psi(\beta^*)$$

$$\leq \frac{1}{\sum_{t=0}^{T} s_{t+1}} \left(\sum_{t=1}^{T+1} \frac{s_t^2}{2[(\sum_{\tau=1}^{t} s_\tau)\alpha + \eta_{t-1}]} G^2 + \frac{\eta_{T+1}}{2} \|\beta^*\|^2 \right)$$

を満たします.

さて, 具体的な例で収束レートを出してみましょう.

一般の凸関数 ($\alpha = 0$, 定理 4.4.1) $s_t = 1$, $\eta_t = \eta_0\sqrt{t+1}$ とすると定理 4.4.1 の状況になります. このとき,

$$\sum_{t=1}^{T+1} \frac{s_t^2}{2\eta_{t-1}} G^2 \leq \frac{G^2\sqrt{T+1}}{\eta_0}$$

より

$$E_{z_{1:T}}[L_\psi(\bar{\beta}_T)] - L_\psi(\beta^*) \leq \frac{1}{\sqrt{T+1}} \left(\frac{G^2}{\eta_0} + \frac{\eta_0\|\beta^*\|^2}{2} \right)$$

を得ます.

強凸関数 ($\alpha > 0$, 定理 4.4.2) $s_t = t$, $\eta_t = \eta_0$ $(\forall t)$ とすると定理 4.4.1 の状況になります. このとき,

$$\sum_{t=1}^{T+1} \frac{s_t^2}{2[(\sum_{\tau=1}^{t} s_\tau)\alpha + \eta_{t-1}]} G^2 \leq \frac{T+1}{\alpha} G^2$$

なので,

$$E_{z_{1:T}}[L_\psi(\bar{\beta}_T)] - L_\psi(\beta^*) \leq \frac{\eta_0\|\beta^*\|^2}{(T+1)(T+2)} + \frac{2G^2}{\alpha(T+2)}$$

を得ます.

定理 4.4.3 の証明. 簡単のため $s_{T+2} = 0$ とします. このようにしても β_t $(t = 1, \ldots, T)$ には影響しません. また,

$$V_t = \max_{\beta \in \mathcal{B}} \{-\langle \beta, \sum_{\tau=1}^{t} s_\tau g_\tau \rangle - \sum_{\tau=1}^{t+1} s_\tau \psi(\beta) - \frac{\eta_t}{2}\|\beta\|^2\}$$

とします. 右辺を最大化する元は β_t であることに注意してください. また, $t = T + 1$ において右辺を最大化する元を仮に β_{T+1} と表します.

まず, $\beta_0 = \mathbf{0}$, $\psi(\mathbf{0}) = 0$, $\eta_1 = \eta_0$ と ψ の強凸性より,

$$V_1 = -\langle \beta_1, s_1 g_1 \rangle - (s_2 + s_1)\psi(\beta_1) - \frac{\eta_1}{2}\|\beta_1\|^2$$
$$\leq -\langle \beta_1, s_1 g_1 \rangle - s_2\psi(\beta_1) - s_1\psi(\beta_0) - \frac{\eta_0 + \alpha s_1}{2}\|\beta_1\|^2$$

です. さらに, コーシー・シュワルツの不等式 (補題 A.1.1) より

$$V_1 \leq \frac{s_1^2}{2(\eta_0 + s_1\alpha)}\|g_1\|^2 - s_2\psi(\beta_1) - s_1\psi(\beta_0) \tag{4.18}$$

がわかります.

次に, ψ の強凸性より, V_t の定義における max の中身が, 強凸パラメータが $\eta_t + \alpha \sum_{\tau=1}^{t+1} s_\tau$ なる強凸関数であることがわかります. すると, β_t の最適性より

$$V_t = -\langle \beta_t, \sum_{\tau=1}^{t} s_\tau g_\tau \rangle - \sum_{\tau=1}^{t+1} s_\tau \psi(\beta_t) - \frac{\eta_t}{2}\|\beta_t\|^2$$
$$\leq -\langle \beta_t, s_t g_t \rangle - s_{t+1}\psi(\beta_t)$$
$$\quad - \langle \beta_t, \sum_{\tau=1}^{t-1} s_\tau g_\tau \rangle - \sum_{\tau=1}^{t} s_\tau \psi(\beta_t) - \frac{\eta_{t-1}}{2}\|\beta_t\|^2$$
$$\leq -\langle \beta_{t-1}, s_t g_t \rangle - s_{t+1}\psi(\beta_t) - \langle \beta_t - \beta_{t-1}, s_t g_t \rangle$$
$$\quad + V_{t-1} - \frac{(\sum_{\tau=1}^{t} s_\tau)\alpha + \eta_{t-1}}{2}\|\beta_t - \beta_{t-1}\|^2$$

が得られます. ここで, コーシー・シュワルツの不等式 (補題 A.1.1) より

$$- \langle \beta_t - \beta_{t-1}, s_t g_t \rangle$$

$$\leq \frac{s_t^2}{2[(\sum_{\tau=1}^t s_\tau)\alpha + \eta_{t-1}]} \|g_t\|^2 + \frac{(\sum_{\tau=1}^t s_\tau)\alpha + \eta_{t-1}}{2} \|\beta_t - \beta_{t-1}\|^2$$

なので,

$$V_t \leq - \langle \beta_{t-1}, s_t g_t \rangle - s_{t+1}\psi(\beta_t) + V_{t-1}$$
$$+ \frac{s_t^2}{2[(\sum_{\tau=1}^t s_\tau)\alpha + \eta_{t-1}]} \|g_t\|^2$$

を得ます. この不等式を再帰的に適用し, 式 (4.18) を用いることで

$$V_{T+1} \leq - \sum_{t=1}^{T+1} s_t \langle \beta_{t-1}, g_t \rangle - \sum_{t=0}^{T+1} s_{t+1}\psi(\beta_t)$$
$$+ \sum_{t=1}^{T+1} \frac{s_t^2}{2[(\sum_{\tau=1}^t s_\tau)\alpha + \eta_{t-1}]} \|g_t\|^2$$
$$\leq \sum_{t=0}^{T} s_{t+1}(-\langle \beta_t, g_{t+1} \rangle - \psi(\beta_t))$$
$$+ \sum_{t=1}^{T+1} \frac{s_t^2}{2[(\sum_{\tau=1}^t s_\tau)\alpha + \eta_{t-1}]} \|g_t\|^2 \qquad (4.19)$$

がわかります. ただし, $s_{T+2} = 0$ を使いました.

一方, V_{T+1} の定義と $\psi(\cdot) \geq 0$ かつ $s_{T+2} = 0$ より

$$V_{T+1} \geq - \sum_{t=1}^{T+1} s_t \langle \beta^*, g_t \rangle - \sum_{t=1}^{T+2} s_t \psi(\beta^*) - \frac{\eta_{T+1}}{2} \|\beta^*\|^2$$
$$\geq \sum_{t=0}^{T} s_{t+1}(-\langle \beta^*, g_{t+1} \rangle - \psi(\beta^*)) - \frac{\eta_{T+1}}{2} \|\beta^*\|^2 \qquad (4.20)$$

が成り立ちます.

式 (4.19) と式 (4.20) より,

$$\sum_{t=0}^{T} s_{t+1}(\langle \beta_t - \beta^*, g_{t+1} \rangle + \psi(\beta_t) - \psi(\beta^*))$$

$$\leq \sum_{t=1}^{T+1} \frac{s_t^2}{2[(\sum_{\tau=1}^{t} s_\tau)\alpha + \eta_{t-1}]} \|g_t\|^2 + \frac{\eta_{T+1}}{2} \|\beta^*\|^2$$

となります．以上より，

$$\mathrm{E}_{z_{1:T}}[L_\psi(\bar\beta_T) + L_\psi(\beta^*)]$$

$$\leq \mathrm{E}_{z_{1:T}}\left[\sum_{t=0}^{T} \frac{s_{t+1}}{\sum\limits_{\tau=0}^{T} s_{\tau+1}} (L_\psi(\beta_t) - L_\psi(\beta^*)) \right]$$

$$= \sum_{t=0}^{T} \frac{s_{t+1}}{\sum\limits_{\tau=0}^{T} s_{\tau+1}} \mathrm{E}_{z_{1:t+1}}[\ell_{t+1}(\beta_t) + \psi(\beta_t) - \ell_{t+1}(\beta^*) - \psi(\beta^*)]$$

$$\leq \frac{1}{\sum\limits_{t=0}^{T} s_{t+1}} \mathrm{E}_{z_{1:T+1}}\left[\sum_{t=0}^{T} s_{t+1}\left(\langle g_{t+1}, \beta_t - \beta^* \rangle + \psi(\beta_t) - \psi(\beta^*)\right) \right]$$

$$\leq \frac{1}{\sum\limits_{t=0}^{T} s_{t+1}} \mathrm{E}_{z_{1:T+1}}\left[\sum_{t=1}^{T+1} \frac{s_t^2}{2[(\sum\limits_{\tau=1}^{t} s_\tau)\alpha + \eta_{t-1}]} \|g_t\|^2 + \frac{\eta_{T+1}}{2} \|\beta^*\|^2 \right]$$

です．あとは $\mathrm{E}[\|g_t\|^2] \leq G^2$ から題意を得ます． $\square$

4.4.4 確率的双対平均化法の鏡像降下法への拡張

　勾配降下法を鏡像降下法に一般化したように，双対平均化法も同様の拡張ができます．そのため，連続微分可能な強凸関数 ϕ を用意します．すると，一般化された確率的双対平均化法はアルゴリズム 4.8 で与えられます．違いは $\frac{\eta_t}{2}\|\beta\|^2$ が $\eta_t\phi(\beta)$ に変わっているところです．

82   **Chapter 4**   オンライン型確率的最適化

アルゴリズム 4.8   確率的双対平均化法（鏡像降下法）

> $\beta_0 \in \mathcal{B}$ を初期化.
> 時刻 $t = 1, 2, \ldots, T$ で以下を実行：
>
> 1. $g_t \in \partial \ell_t(\beta_{t-1})$ を計算.
> 2. $\bar{g}_t = \frac{1}{t+1} \sum_{\tau=1}^{t} g_\tau$ とする.
> 3. β_t を次のようにして更新：
>
> $$\beta_t = \operatorname*{argmin}_{\beta \in \mathcal{B}} \left\{ \langle \bar{g}_t, \beta \rangle + \psi(\beta) + \eta_t \phi(\beta) \right\}. \tag{4.21}$$

4.3.5 項と同様に，このアルゴリズムの意味を考えてみましょう．簡単のため，正則化項は $\psi = 0$ とします．すると，更新式 (4.21) の右辺を微分して 0 とおけば

$$\beta_t = \nabla \phi^* \left(-\frac{\bar{g}_t}{\eta_t} \right)$$

となります．これを双対変数 $\nabla \phi(\beta_t)$ の更新式に直すと，

$$\nabla \phi(\beta_t) = -\frac{\bar{g}_t}{\eta_t} = -\frac{g_t}{(t+1)\eta_t} - \frac{t \eta_{t-1}}{(t+1)\eta_t} \frac{\bar{g}_{t-1}}{\eta_{t-1}}$$

$$= -\frac{g_t}{(t+1)\eta_t} - \frac{t \eta_{t-1}}{(t+1)\eta_t} \nabla \phi(\beta_{t-1})$$

となります．さらに $\eta_t = \frac{1}{\sqrt{t}}$ とすると，

$$\nabla \phi(\beta_t) = -\frac{1}{\sqrt{t+1}} g_t + \sqrt{\frac{t}{t+1}} \nabla \phi(\beta_{t-1})$$

となり，以前の値 $\nabla \phi(\beta_{t-1})$ と g_t の重みつき和になっていることがわかります．鏡像降下法の更新式 (4.14) と比較しますと，鏡像降下法では $-\frac{1}{\sqrt{t}} g_t$ が $\nabla \phi(\beta_{t-1})$ に足し込まれるだけでしたが，双対平均化では重みつき和になっています．このちょっとした違いがアルゴリズムの性質を大きく変えています．

双対平均化を用いた確率的鏡像降下法でも以下のような収束レートが示さ

れます．以下の定理 4.4.4 と定理 4.4.5 は，それぞれ定理 4.4.1 と定理 4.4.2 を適切に修正することで得られます．

定理 4.4.4

仮定 4.3.8 のもと，$\eta_t = \eta_0 \frac{1}{\sqrt{t+1}}$ として $\bar{\beta}_t = \frac{1}{t+1} \sum_{\tau=0}^{t} \beta_\tau$ とすると，任意の $\beta^* \in \mathcal{B}$ に対し．

$$\mathrm{E}_{z_{1:T}}[L_\psi(\bar{\beta}_T)] - L_\psi(\beta^*) \leq \frac{1}{\sqrt{T+1}} \left(\eta_0 B_\phi(\beta^* \| \beta_0) + \frac{G^2}{\eta_0} \right)$$

を満たします．

次に ψ が強凸な場合の収束レートを示します．ψ が B_ϕ について α-強凸であるとは次の性質を満たすこととします：$\forall \beta \in \mathcal{B}, \forall g \in \psi(\beta)$,

$$\langle g, \beta' - \beta \rangle + \alpha B_\phi(\beta' \| \beta) + \psi(\beta) \leq \psi(\beta') \quad (\forall \beta' \in \mathcal{B}). \tag{4.22}$$

アルゴリズム 4.8 を次のように修正します：

$$\bar{g}_t = \sum_{\tau=1}^{t} \tau g_\tau, \tag{4.23a}$$

$$\beta_t = \underset{\beta \in \mathcal{B}}{\operatorname{argmin}} \left\{ \langle \bar{g}_t, \beta \rangle + \frac{(t+1)(t+2)}{2} \psi(\beta) + \eta_t \phi(\beta) \right\}. \tag{4.23b}$$

このとき，次の定理が成り立ちます．

定理 4.4.5

仮定 4.3.8 が成り立ち，かつ ψ が式 (4.22) の意味で α-強凸とします．$\eta_t = \eta_0 \geq 0 \ (\forall t \geq 1)$, $\bar{\beta}_t = \frac{2}{(t+1)(t+2)} \sum_{\tau=0}^{t} (\tau+1)\beta_\tau$ とすると，更新式 (4.23) は任意の $\beta^* \in \mathcal{B}$ に対し，

$$\mathrm{E}_{z_{1:T}}[L_\psi(\bar{\beta}_T)] - L_\psi(\beta^*) \leq \frac{2\eta_0 B_\phi(\beta^* \| \beta_0)}{(T+1)(T+2)} + \frac{2G^2}{\alpha(T+2)}$$

が成り立ちます．

4.5 AdaGrad

ここでは，**AdaGrad** と呼ばれる，適応的に各座標の更新幅を調整する方法について説明します [6]．スパース正則化のオンライン学習においては出現頻度の低い特徴量がある場合，その特徴量に対応する係数が毎回スパース正則化によって 0 に潰されてしまうという現象が起きます．勾配降下法の更新式を思い出しますと，L_1 正則化を使った場合毎回 β_t はソフトしきい値関数を通して得られます．ソフトしきい値関数は値を 0 に縮小させる効果がありますので，その係数に意味があるという確証がある程度大きくなければ，0 に張りついたままになってしまいます．そうしますと，ステップ幅が十分大きく設定されていなければ非ゼロになりません．このような問題を回避するのが AdaGrad と呼ばれる手法です．

AdaGrad の更新式は，これまで述べてきた確率的勾配降下法および確率的双対平均化法を少しだけ修正したものです．ここでは，この 2 つの方法の AdaGrad 版を紹介しましょう．修正点は勾配降下法でしたら $\frac{\eta}{2}\|\beta - \beta_{t-1}\|^2$，双対平均化法でしたら $\frac{\eta}{2}\|\beta\|^2$ の項を，ある H_t を用いて

$$\text{(勾配降下法)} \quad \frac{\eta}{2}\|\beta - \beta_{t-1}\|^2_{H_t},$$

$$\text{(双対平均化法)} \quad \frac{\eta}{2t}\|\beta\|^2_{H_t},$$

と変えるだけです．ただし，ある半正定値行列 G に対して $\|\beta\|_G := \sqrt{\beta^\top G \beta}$ と定義します．鏡像降下法と対応をつけますと，ϕ として $\frac{1}{2}\|\cdot\|^2_{H_t}$ に対応する項を持ってきたと見ることができます．

H_t の決め方としては，密行列を用いる Full と対角成分のみ用いる Diag の 2 つの方式があります．すなわち，Full と Diag それぞれに対して，

$$\text{(Full)} \quad G_t = \sum_{\tau=1}^{t} g_\tau g_\tau^\top,$$

$$\text{(Diag)} \quad G_t = \text{diag}\Big(\sum_{\tau=1}^{t} g_\tau g_\tau^\top\Big),$$

として（ただし diag は，行列の対角成分だけを残して非対角成分を 0 とする関数です），ある定数 $\delta \geq 0$ を用いて

$$H_t = G_t^{\frac{1}{2}} + \delta I \tag{4.24}$$

と H_t を決めます．ただし，$G_t^{\frac{1}{2}}$ は半正定値対称行列としての平方根，すなわち，$G_t^{\frac{1}{2}} G_t^{\frac{1}{2}} = G$ なる半正定値対称行列です．容易にわかるように G_t は G_{t-1} に $g_t g_t^\top$ (Full) か $\mathrm{diag}(g_t g_t^\top)$ (Diag) を足したものですので，各更新で G_t の計算時間は一定です．高次元の最適化問題では，計算量の観点から Diag を用いることが一般的です．

以上を踏まえまして，AdaGrad の更新式をアルゴリズム 4.9 に示します．

H_t の直感的意味について説明しましょう．Diag の方を見ますと，G_t は対角行列でその (i, i) 成分は $G_{i,i} = \sum_{\tau=1}^{t} g_{\tau,i}^2$ で与えられます．すなわち，i 番

アルゴリズム 4.9 AdaGrad

$\beta_0 = \mathbf{0} \in \mathbb{R}^p$ と初期化．
時刻 $t = 1, 2, \ldots, T$ で以下を実行：

1. $g_t \in \partial \ell_t(\beta_{t-1})$ を計算．
2. H_t を式 (4.24) にしたがって計算．
3. β_t を次のようにして更新：

- 勾配降下法 (Ada-SGD)

$$\beta_t = \underset{\beta \in \mathcal{B}}{\mathrm{argmin}} \left\{ \langle g_t, \beta \rangle + \psi(\beta) + \frac{\eta}{2} \|\beta - \beta_{t-1}\|_{H_t}^2 \right\}.$$

- 双対平均化法 (Ada-SDA)
$\bar{g}_t = \frac{1}{t} \sum_{\tau=1}^{t} g_\tau$ として，

$$\beta_t = \underset{\beta \in \mathcal{B}}{\mathrm{argmin}} \left\{ \langle \bar{g}_t, \beta \rangle + \psi(\beta) + \frac{\eta}{2t} \|\beta\|_{H_t}^2 \right\}.$$

86   **Chapter 4**　オンライン型確率的最適化

目の特徴量に関するこれまでの勾配 $g_{\tau,i}$ が大きければ，それだけ大きな値が $G_{i,i}$ に出てきますので，β_t の第 i 成分 $\beta_{t,i}$ はその分更新幅が小さくなります．これはすなわち「今まで十分主張してきた」特徴量にはあまり重きをおかないという意味をもちます．反対に，これまで勾配が小さかった特徴量については更新幅を多めにとることになります．すなわち，「まだ十分に主張していない」特徴量には重きをおくという意味があります．このように，各特徴量ごとにスケールを適応的に調整し，更新幅を決定するのが AdaGrad です．さらに，Full の場合は特徴量間の相関も考慮したスケーリングをしています．

　AdaGrad は凸損失関数の学習だけでなく，**深層学習（deep learning）** の最適化にも用いられています．深層学習の目的関数は凸関数ではなく，目的関数の降下方向が局所的にほぼ平坦な箇所が多数存在します．この箇所を SGD が抜け出すのはなかなか難しく，しばらく学習が停滞してしまう現象が起きます．この現象を**プラトー（plateau）** と呼びます．上で述べましたように，AdaGrad は勾配の小さい方向を強調する性質がありますので，このプラトーから脱出するのに有用です．深層学習の最適化においてこのプラトーから脱出する有用な手段として，AdaGrad 以外にも AdaDelta[41] や RMSProp[37] といった類似手法が使われています．深層学習におけるオンライン確率的最適化の利用およびその実装上の注意点などは文献 [38] を参照ください．

　AdaGrad に対して次のようなリグレット上界が示されています [6]．

定理 4.5.1

Full のとき $q = 2$, Diag のとき $q = \infty$ と定めます.

$$Q(T) := \frac{1}{T} \sum_{t=1}^{T} \left(\ell_{t+1}(\beta_t) + \psi(\beta_t) - \ell_{t+1}(\beta^*) - \psi(\beta^*) \right)$$

とすると, $Q(T)$ は次のように上から抑えられます.

- Ada-SGD: 任意の $\delta \geq 0$ に対し,

$$Q(T) \leq \frac{\delta\eta}{T}\|\beta^*\|_2^2 + \frac{\eta}{2T} \max_{t \leq T}\{\|\beta^* - \beta_t\|_q^2\}\mathrm{tr}\left[G_T^{1/2}\right]$$
$$+ \frac{1}{\eta T}\mathrm{tr}\left[G_T^{1/2}\right].$$

- Ada-SDA: $\delta \geq \max_t \|g_t\|_2$ なら,

$$Q(T) \leq \frac{\delta\eta}{T}\|\beta^*\|_2^2 + \frac{\eta}{T}\|\beta^*\|_q^2\mathrm{tr}\left[G_T^{1/2}\right] + \frac{1}{\eta T}\mathrm{tr}\left[G_T^{1/2}\right].$$

式 (4.3) で示したリグレットによる期待誤差の評価を用いますと,

$$\mathrm{E}_{z_{1:T}}\left[L_\psi\left(\frac{1}{T}\sum_{t=1}^{T}\beta_t\right)\right] - L_\psi(\beta^*) \leq \mathrm{E}_{z_{1:T}}[Q(T)]$$

ですので, 上の定理は期待誤差 L_ψ の上界も与えています.

AdaGrad の期待誤差上限をこれまでに示しました確率的勾配降下法や確率的双対平均化法の期待誤差上限 (定理 4.3.2, 定理 4.4.1) と比べてみましょう. そこで, 損失関数が $\ell_t(\beta) = \ell(z_t, \beta) = \ell(y_t, \langle x_t, \beta \rangle)$ なる形をしていると想定します. 簡単のため Diag の場合で話を進めます. $\bar{\beta} = \frac{1}{T}\sum_{t=1}^{T}\beta_t$ とします. 定理 4.5.1 より, Ada-SGD の誤差上界は, $D \geq \sup_{\beta, \beta' \in \mathcal{B}}\{\|\beta - \beta'\|_\infty\}$ なる D を用いて $\eta = 1/D$ とし $\delta = 0$ とすれば,

$$\mathrm{E}_{z_{1:T}}\left[L_\psi\left(\bar{\beta}\right)\right] - L_\psi(\beta^*) \leq \frac{3}{2}\mathrm{E}_{z_{1:T}}\left[\frac{D\mathrm{tr}\left[(H_T/T)^{1/2}\right]}{\sqrt{T}}\right]$$

で評価されます. ここで, $g_{1:t,j} := [g_{1,j}, \ldots, g_{t,j}]^\top$ とすれば, $\mathrm{tr}\left[(H_T/T)^{1/2}\right] = \sum_{j=1}^{p} \|g_{1:T,j}\|/\sqrt{T}$ です. つまり,

$$\mathrm{E}_{z_{1:T}}\left[L_\psi\left(\bar{\beta}\right)\right] - L_\psi(\beta^*) \le \frac{3}{2}\mathrm{E}_{z_{1:T}}\left[\frac{D\sum_{j=1}^{p}\|g_{1:T,j}\|/\sqrt{T}}{\sqrt{T}}\right]$$

です. ここで, $\ell_t(\beta) = \ell(y_t, x_t^\top\beta)$ なので, $\nabla\ell_t(\beta) = x_t\frac{\partial\ell(y_t,u)}{\partial u}|_{u=x_t^\top\beta}$ となるので, ℓ の勾配が有界であると仮定すると ($|\frac{\partial\ell(y,u)}{\partial u}| \le S\ (\forall y, u)$)

$$\left|\frac{\partial\ell_t(\beta)}{\partial\beta_j}\right| \le S|x_{t,j}|$$

です. すると, $\sum_{j=1}^{p}\|g_{1:T,j}\|/\sqrt{T} \le \sum_{j=1}^{p}S\sqrt{\sum_{\tau=1}^{T}x_{\tau,j}^2/T}$ となります. x_t の分布として, 仮に $P(x_{t,j}=1) = q_j$, $P(x_{t,j}=0) = 1-q_j$ なるものを考えれば,

$$\begin{aligned}
\mathrm{E}_{z_{1:T}}\left[L_\psi\left(\bar{\beta}\right)\right] - L_\psi(\beta^*) &\le \frac{3}{2}\frac{DS\mathrm{E}\left[\sum_{j=1}^{p}\sqrt{\sum_{\tau=1}^{T}x_{\tau,j}^2/T}\right]}{\sqrt{T}} \\
&\le \frac{3}{2}\frac{DS\sum_{j=1}^{p}\sqrt{\sum_{\tau=1}^{T}\mathrm{E}[x_{\tau,j}^2]/T}}{\sqrt{T}} \\
&\le \frac{3}{2}\frac{DS\sum_{j=1}^{p}\sqrt{q_j}}{\sqrt{T}}
\end{aligned}$$

となります. ここで, $q_j \simeq j^{-b}\ (b \ge 2)$ の場合, つまり特徴量の出現頻度にバラツキがある場合を考えますと,

$$\mathrm{E}_{z_{1:T}}\left[L_\psi\left(\bar{\beta}\right)\right] - L_\psi(\beta^*) = O\left(\frac{\log(p)}{\sqrt{T}}\right) \tag{4.25}$$

となります.

　一方, 定理 4.3.2 では $\|\beta_t - \beta^*\|$ の上界が出てきますが, これは $\sup_{\beta,\beta'}\|\beta - \beta'\| \le \sup_{\beta,\beta'}\sqrt{p}\|\beta - \beta'\|_\infty \le \sqrt{p}D$ と評価されます. よっ

て，確率的勾配降下法の誤差上界は

$$\mathrm{E}_{z_{1:T}}\left[L_\psi\left(\bar{\beta}\right)\right] - L_\psi(\beta^*) = O\left(\frac{\sqrt{p}}{\sqrt{T}}\right)$$

となります．AdaGrad の上界（式 (4.25)）と比べますと，AdaGrad は p への依存性を $\sqrt{p}$ から $\log(p)$ に改善していることがわかります．このように，特徴量の出現頻度に差がある場合にも適応的に変数のスケーリングをしてよりよい精度を与えるという点が AdaGrad の利点です．一方で，q_j が一定ならばどちらも $O\left(\sqrt{\frac{p}{T}}\right)$ で一致します．

4.6　ミニマックス最適性

これまで紹介してきた手法はどれも，一般には $O(1/\sqrt{T})$ の収束，強凸なら $O(1/T)$ の収束を示しました．実際にこれらがミニマックス最適（mini-max optimal）という意味で最適であることが示されます．誤解を恐れずに端的にいえば，「関数値と勾配を用いたどのような確率的最適化手法」に対しても（定数倍を除いて）負けることはない，という性質を持ちます．

今，ある凸関数 $f(x)$ をその関数値 $f(x)$ とその劣勾配 $g \in \partial f(x)$ の情報を用いて最適化することを考えます．ただし，関数値と劣勾配は真の値そのものではなく，真の値の周りで分布する確率変数が観測される状況を想定します．これまで見てきました確率的最適化はそのような状況になっています．以下では情報理論的評価方法を用いた結果について述べます [1]．なお，（確率的とは限らない）凸最適化手法の最適計算量についてはネミロフスキーとユーディンによる本 [21] にもまとめられています．

ここで，いくつか言葉の定義をしましょう．

1 次確率的オラクル： 凸集合 $\mathcal{B}$ 上で定義された凸関数の集合 $\mathcal{F}$ が与えらているとして，1 次確率的オラクルとは $\Phi : \mathcal{B} \times \mathcal{F} \to \mathbb{R} \times \mathbb{R}^p$ なるランダムな関数で $\Phi(\beta, f) = (\hat{f}(\beta), \hat{g}(\beta))$ が

$$\mathrm{E}[\hat{f}(\beta)] = f(\beta), \quad \mathrm{E}[\hat{g}(\beta)] \in \partial f(\beta)$$
$$\mathrm{E}[\|\hat{g}(\beta)\|^2] \le \sigma^2$$

を満たすものを指します．すべての 1 次確率的オラクルの集合を $\mathbb{O}_\sigma$ と書き

ます.

リプシッツ連続な関数の集合: 凸集合 $\mathcal{B}$ 上のすべての G-リプシッツ連続な凸関数の集合を

$$\mathcal{F}_{\mathrm{Lip}}(\mathcal{B}, G)$$
$$= \{ f : \mathcal{B} \to \mathbb{R} \mid |f(\beta) - f(\beta')| \leq G\|\beta - \beta'\| \quad (\forall \beta, \beta' \in \mathcal{B}), \ f \text{ は凸} \}$$

と定義します. また, その中で α-強凸な凸関数の集合を

$$\mathcal{F}_{\mathrm{Lip,sc}}(\mathcal{B}, G, \alpha) = \{ f \in \mathcal{F}_{\mathrm{Lip}}(\mathcal{B}, G) \mid f \text{ は } \alpha\text{-強凸} \}$$

と定義します. なお, 強凸性とリプシッツ連続性を両立させるには $G/\alpha \geq \frac{R}{4}$ が $R = \sup_{\beta, \beta' \in \mathcal{B}} \|\beta - \beta'\|$ に対して成り立たなくてはいけません.

最適化アルゴリズムの集合: 最適化の手続きとして, t ステップ目にこちらがクエリ β_t を 1 次確率的オラクルに投げ, $\Phi(\beta_t, f) = (\hat{f}(\beta_t), \hat{g}(\beta_t))$ を受け取るという手続きを想定します. 次のクエリ β_{t+1} はこれまでえられた情報 $\{\Phi(\beta_1, f), \ldots, \Phi(\beta_t, f)\}$ をもとに決定します. いいかえれば, ある時刻にどこへ進むかはこれまで観測された関数値と勾配の情報を用いて決定します. このように関数値と勾配のみを用いて最適化を行う最適化手法を 1 次法といい, T 時刻目までクエリの列を生成する 1 次法の集合を $\mathbb{A}_T$ と書きます. 我々が興味があるのは, $\mathbb{A}_T$ の中で最もよいアルゴリズムはどれだけ関数 f を小さくできるのかということです. アルゴリズム $\mathcal{A} \in \mathbb{A}_T$ に対し, その T 時刻目のクエリ β_T の誤差を

$$\epsilon_T(\mathcal{A}, f, \mathcal{B}; \Phi) := \mathrm{E}_\Phi[f(\beta_T)] - \inf_{\beta \in \mathcal{B}} f(\beta)$$

と定義します. ここで, $\mathrm{E}_\Phi[\cdot]$ はオラクルの返答に関する期待値を表します.

ミニマックス誤差: $\mathcal{B}$ 上で定義された凸関数の集合 $\mathcal{F}$ に対し, ミニマックス誤差を

$$\epsilon_T^*(\mathcal{F}, \mathcal{B}; \Phi) := \inf_{\mathcal{A} \in \mathbb{A}_T} \sup_{f \in \mathcal{F}} \epsilon_T(\mathcal{A}, f, \mathcal{B}; \Phi)$$

と定義します. これは, 各最適化アルゴリズムに対し最も苦手とする凸関数を考え, その苦手な関数に対する最適化誤差を $\mathbb{A}_T$ の中でどこまで小さくできるかを表しています. ミニマックス誤差を達成するアルゴリズムは, $\mathcal{F}$ に含まれるどのような凸関数が来てもそこまで悪くない精度を達成できるとい

えます.

　上の各種定義とこれまでの確率的最適化の問題設定を対応させてみましょ
う. 正則化項なしの場合 ($\psi = 0$) を考えますと, 確率的勾配降下法も確率的
双対平均化法も, β_t はこれまでの勾配 $g_\tau \in \partial_\beta \ell(z_\tau, \beta_{\tau-1})$ ($\tau = 1, \ldots, t$) に
もとづいて決定されていました. z_τ はランダムに選択されていましたので,
g_τ は確率変数であり, その期待値は

$$\mathrm{E}_{z_\tau}[g_\tau] \in \partial L(\beta_{\tau-1})$$

を満たします. よって, どちらも 1 次確率的オラクルを用いたクエリの
決定をしているので $\mathbb{A}_T$ に含まれます. さらに, 収束レートの解析では
$\mathrm{E}[\|g_t\|^2] \leq G^2$ ($\forall t$) を仮定しましたが, これは損失関数 $\ell(Z, \cdot)$ がリプシッツ
連続ならば満たされます (仮定 4.3.1 の直後の議論を参照). 損失関数がリプ
シッツ連続ならば, その期待値 $L(\cdot)$ もリプシッツ連続です. さらに, 1 次確
率的オラクルの定義における σ^2 として $\sigma^2 = G^2$ とすることができます.
　以上を踏まえまして, ミニマックス誤差の下限は次のように評価できま
す [1].
　$r > 0$ に対し, $\mathrm{B}_\infty(r) := \{\beta \in \mathbb{R}^p \mid \|\beta\|_\infty \leq r\}$ と定義します.

定理 4.6.1

　凸集合 $\mathcal{B} \subseteq \mathbb{R}^p$ は, ある $r > 0$ で $\mathrm{B}_\infty(r) \subseteq \mathcal{B}$ を満たすとします.
すると, ある普遍定数 $c > 0$ が存在して

$$\sup_{\Phi \in \mathbb{O}_G} \epsilon_T^*(\mathcal{F}_{\mathrm{Lip}}(\mathcal{B}, G), \mathcal{B}; \Phi) \geq c \min\left\{ Gr\sqrt{\frac{p}{T}}, Gr \right\},$$

と下から抑えられます.

　証明は元論文 [1] を参照ください. SGD や SDA の収束レートは $R = \sup\{\|\beta - \beta'\| \mid \beta, \beta \in \mathcal{B}\}$ を用いて,

$$L(\bar{\beta}_T) - L(\beta^*) \leq C\frac{RG}{\sqrt{T}}$$

と評価できました (C はある定数). ここで, $\mathrm{B}_\infty(r) \subseteq \mathcal{B}$ ならば, $R \geq 2\sqrt{pr}$

92　**Chapter 4**　オンライン型確率的最適化

を満たさなくてはいけません. $R = 2\sqrt{pr}$ のとき, 上式の右辺は $CGr\sqrt{\frac{p}{T}}$ で上から抑えられます:

$$L(\bar{\beta}_T) - L(\beta^*) \leq CGr\sqrt{\frac{p}{T}}.$$

これは定理 4.6.1 のミニマックス最適誤差と (定数倍を除いて) 一致しています. なお, ミニマックス最適誤差は T ステップ目のクエリ β_T の関数値 $f(\beta_T)$ について定義されているので, $\bar{\beta}_T = \frac{1}{T+1}\sum_{t=0}^{T}\beta_t$ の評価は与えていないのですが, SGD や SDA のアルゴリズムを $T+1$ ステップ目に $\bar{\beta}_T$ を返すものとすれば, 定理 4.6.1 の枠組みに入ります.

　さらに強凸の場合, 以下のミニマックス誤差評価が得られます.

定理 4.6.2

　凸集合 $\mathcal{B} \subseteq \mathbb{R}^p$ は, ある $r > 0$ で $\mathrm{B}_\infty(r) = \mathcal{B}$ なるものとします. すると, ある普遍定数 $c > 0$ が存在して

$$\sup_{\Phi \in \mathbb{O}_G} \epsilon_T^*(\mathcal{F}_{\mathrm{Lip,sc}}(\mathcal{B}, G, \alpha), \mathcal{B}; \Phi) \geq c\min\left\{\frac{G^2}{\alpha T}, Gr\sqrt{\frac{p}{T}}, Gr\right\}$$

と下から抑えられます.

　$L(\cdot)$ が強凸の場合の SGD の収束レートを思い出しますと,

$$L(\bar{\beta}_T) \leq C\frac{G^2}{\alpha T}$$

でした (C は定数). 十分 T が大きければ, これは上の定理のミニマックス最適誤差と定数倍を除いて一致します.

4.7　オンライン型確率的最適化の汎化誤差について

　これまでオンライン型確率的最適化の収束レートを見てきましたが, その収束レートは $O(1/\sqrt{T})$ もしくは $O(1/T)$ でした. サンプルサイズが固定されたデータにおける最適化手法として見ますと, これは必ずしも速い収束レートではありません. というのも, 目的関数が強凸ならば全データを用いた普通の勾配法 (バッチ勾配法) が指数オーダーで収束するからです (付録

A.2 を参照). それでも機械学習の応用でよくオンライン型確率的最適化が用いられる理由は, 確率的最適化を学習手法としてみなすと十分な性能を示すからです. 学習の目的を訓練誤差ではなく汎化誤差の最小化であると思うと, 訓練誤差は必ずしも完全に最適化する必要はありません. ある程度最適化がうまくいっていれば, 最適化による誤差がデータのバラツキによる誤差に埋もれてしまうからです.

より詳細をインフォーマルな議論で説明しましょう. 統計的学習理論によりますと, 自然な仮定 (汎化誤差の強凸性とリプシッツ連続性[*4]) のもと, 汎化誤差のミニマックス最適値は $O(1/n)$ より小さくできません (定理 4.6.2 からその一端が見えます). ここで, n はサンプルサイズです. 汎化誤差の強凸性から

$$L(\hat{\beta}) - L(\beta^*) \geq c\|\hat{\beta} - \beta^*\|^2$$

が成り立ちますので, 推定量 $\hat{\beta}$ は $\|\hat{\beta} - \beta^*\| = O_p(1/\sqrt{n})$ でなくてはミニマックス最適にはなりません. また, 有界なパラメータ集合 $\mathcal{B} \subseteq \mathbb{R}^p$ 上の学習問題においては, 推定量 $\hat{\beta}$ について

$$|L(\hat{\beta}) - L(\beta^*) - (\hat{L}(\hat{\beta}) - \hat{L}(\beta^*))| \leq C\left(\frac{1}{\sqrt{n}}\|\hat{\beta} - \beta^*\|\right)$$

のような関係が高い確率で成り立つことが知られています. よって, ミニマックス最適性を満たすには, $\|\hat{\beta} - \beta^*\| = O_p(1/\sqrt{n})$ でなくてはならないので, $|L(\hat{\beta}) - L(\beta^*) - (\hat{L}(\hat{\beta}) - \hat{L}(\beta^*))| = O_p(1/n)$ となります. これより, $L(\hat{\beta}) - L(\beta^*) = O_p(1/n)$ であるためには, 訓練誤差 $\hat{L}(\hat{\beta}) - \hat{L}(\beta^*)$ もまた $O_p(1/n)$ まで落ちている必要があります. このことを踏まえまして, 汎化誤差をミニマックス最適な値まで下げるために必要な計算量を見積もりますと表 4.1 のようになります.

表 4.1 より, 汎化誤差を十分小さくするにはオンライン型確率的最適化を用いればオーダー $\log(n)$ だけ得することがわかります. 確率的最適化は一反復ごとの計算が軽い分, ある程度の精度を出すまでの時間が非常に短いです. それ以降のより高い精度を出そうとすればバッチ勾配法にいずれ抜かれますが, 汎化誤差をある程度小さくするという目的においては十分であるこ

[*4] たとえば, 二重損失で $\frac{1}{n}\sum_{i=1}^{n} x_i x_i^{\top}$ が正則で $\mathcal{B}$ が有界な場合.

94 **Chapter 4** オンライン型確率的最適化

表 4.1 最適化の計算量と汎化誤差の関係

	バッチ型	オンライン型
一反復ごとの計算時間	n	1
訓練誤差 ϵ までの反復数	$\log(1/\epsilon)$	$1/\epsilon$
訓練誤差 ϵ までの計算時間	$n\log(1/\epsilon)$	$1/\epsilon$
汎化誤差 $1/n$ までの計算時間	$n\log(n)$	n

とがわかります.

　ただし, 応用によってはスパース性のパターンを正確に学習したいなど, 訓練誤差を正確に最適化させた結果そのものが必要になる場合があります. また, オーダー表記に隠れている定数の違いが $\log(n)$ に比べて大きい場合はバッチ勾配法の方が有用です. 次の章で述べるバッチ型確率的最適化はバッチ勾配法とオンライン型確率的最適化との中間的な手法で, 一反復の計算量が小さい一方で, 強凸性の条件のもと, 訓練誤差を高速に小さくすることができます.

Chapter 5

バッチ型確率的最適化

本章では，バッチ型の確率的最適化について解説します．バッチ型確率的最適化はすべての訓練サンプルがすでに得られている状況で速い収束を達成する方法です．

5.1 バッチ型確率的最適化の問題設定

前章のオンライン型確率的最適化は，サンプルが観測されるごとにパラメータを更新させる方法でした．一方で，バッチ型確率的最適化では訓練サンプルがすでにすべて手元にある状況を想定します．訓練サンプルが固定されているという状況を利用することで，訓練誤差を小さくすることを優先した最適化手法が構築できます．しかし，すべてのサンプルを1回の更新で用いるのを避けるために少数のサンプルをランダムに選択し，それのみを用いて1回の更新を行います．そのため，バッチ型確率的最適化はオンライン型確率的最適化と1回の更新にかかる計算量が同等です．しかし，目的関数に強凸性があれば更新回数に対して指数的な収束を達成するという大きな利点があります．

オンライン型確率的最適化と問題を区別するため，やや表記を変えて，以下の最適化問題を考えます：

$$\inf_{\beta \in \mathbb{R}^p} \quad \frac{1}{n} \sum_{i=1}^{n} \ell_i(\beta) + \psi(\beta). \tag{5.1}$$

96   **Chapter 5**　バッチ型確率的最適化

この章ではバッチ型確率的最適化の代表的手法である以下の3手法を紹介します.

- **確率的双対座標降下法** [*1] (**stochastic dual coordinate ascent, SDCA**) [33]
- **確率的分散縮小勾配降下法** (**stochastic variance reduced gradient descent, SVRG**) [14,40]
- **確率的平均勾配降下法** (**stochastic average gradient descent, SAG**) [4,18,32]

これらの手法の特徴を以下にまとめます.

表 5.1　バッチ型確率的最適化手法の特徴

手法	SDCA	SVRG	SAG
ステップサイズ指定	必要なし	必要	必要
主/双対問題	双対	主	主
メモリ効率	○	○	△
正則化関数の平滑性	必要なし	必要なし	必要
その他の制約	$\ell_i(\beta) = f_i(x_i^\top \beta)$	二重ループ	—

「主/双対問題」の項目は,最適化で考察する目的関数が主問題か双対問題かを示しています.SDCA は双対問題を利用するため共役関数の取り扱いが必要です.「メモリ効率」の項目で SAG が△となっているのは,各サンプル点での勾配をメモリに格納している必要があることによります.「その他の制約」の項目ですが,SDCA は損失関数として $\ell_i(\beta) = f_i(x_i^\top \beta)$ なる形を想定しています[*2].また,SVRG は二重ループが必要で外側のループの更新回数も強凸性と平滑性のパラメータに応じて調整する必要があります.一方,SAG は双対関数や二重ループを扱う必要がありません.

これらの性質を鑑みて,利用しやすいアルゴリズムを選択してください.

---

*1　本来は確率的座標「上昇」法が正しい訳ですが,本書では双対問題を「最小化」する感覚にあわせて「降下法」を用います.

*2　この制約は外せますが,アルゴリズムを修正する必要があります.またすべてのサンプル点での勾配ベクトルを記憶しておく必要があり,メモリ効率も悪くなります.

5.2 確率的双対座標降下法

5.2.1 確率的双対座標降下法のアルゴリズム

確率的双対座標降下法 (SDCA) は，双対問題を利用する方法です．ある（真閉）凸関数 f_i を用いて，$\ell_i(\beta) = f_i(x_i^\top \beta)$ と書ける場合を想定します．このとき，フェンシェルの双対定理 (定理 2.3.1) を用いますと，次のような双対問題を得ます．

> **定理 5.2.1**
>
> $X = [x_1, \ldots, x_n] \in \mathbb{R}^{p \times n}$ とします．ある $\beta \in \mathbb{R}^p$ で $x_i^\top \beta \in \mathrm{ri}(\mathrm{dom}(f_i))$ $(\forall i)$ かつ $\beta \in \mathrm{ri}(\mathrm{dom}(\psi))$ であり，またある $\alpha \in \mathbb{R}^n$ で $\alpha_i \in \mathrm{ri}(\mathrm{dom}(f_i^*))$ かつ $-X\alpha/n \in \mathrm{ri}(\mathrm{dom}(\psi^*))$ と仮定すると，
>
> $$\min_{\beta \in \mathbb{R}^p} \left\{ \frac{1}{n} \sum_{i=1}^n f_i(x_i^\top \beta) + \psi(\beta) \right\}$$
> $$= -\min_{\alpha \in \mathbb{R}^n} \left\{ \frac{1}{n} \sum_{i=1}^n f_i^*(\alpha_i) + \psi^* \left(-\frac{1}{n} X\alpha \right) \right\}$$
>
> であり，かつ主問題と双対問題はそれぞれある β^* と α^* で最適値を達成します．

証明. $\tilde{f}(X\beta) = \frac{1}{n} \sum_{i=1}^n f_i(x_i^\top \beta)$ とすると，$\tilde{f}$ と ψ に関する条件よりフェンシェルの双対定理 (定理 2.3.1) が適用できて，

$$\min_{\beta \in \mathbb{R}^p} \{ \tilde{f}(X^\top \beta) + \psi(\beta) \} = -\min_{\alpha \in \mathbb{R}^n} \{ \tilde{f}^*(\alpha) + \psi^*(-X\alpha) \}$$

となり，双対問題の最適解 $\alpha^* \in \mathbb{R}^n$ が存在します．

$\tilde{f}^*$ の具体的な形を求めましょう．共役関数の定義より，

$$\tilde{f}^*(\alpha) = \sup_{w \in \mathbb{R}^p} \{\langle w, \alpha \rangle - \tilde{f}(w)\}$$

$$= \sup_{w \in \mathbb{R}^p} \{\langle w, \alpha \rangle - \frac{1}{n} \sum_{i=1}^n f_i(w_i)\}$$

$$= \sum_{i=1}^n \sup_{w_i \in \mathbb{R}^p} \left\{ w_i \alpha_i - \frac{1}{n} f_i(w_i) \right\}$$

$$= \sum_{i=1}^n \frac{1}{n} f_i^*(n\alpha_i)$$

です. $n\alpha \to \alpha$ と変数変換することで, 定理の双対問題が得られます. また, f_i^* と ψ^* に関する条件よりフェンシェルの双対定理から主問題の最適解 $\beta^* \in \mathbb{R}^q$ が存在します. $\qquad\qquad\qquad\qquad\qquad\qquad\qquad\square$

以降は上の定理で仮定されている条件を f_i と ψ が満たしているとして話を進めます. 双対問題を眺めてみますと, f_i^* は α の i 番目の座標 α_i にのみかかっており, 各座標ごとに分離されています. そのため, α の特定の座標を選択して更新するという**座標降下法 (coordinate descent)** の技法が適用しやすい形になっています. また, ψ^* の中身においては α_i は x_i とのみかけ算され, その値を通して関数値に影響を与えます. よって, 双対変数の各座標 α_i はちょうど i 番目のサンプルに対応していて, i 番目の座標 α_i を更新するには i 番目のサンプルのみを用いればよいことがわかります. つまり, 毎回の更新において, ただ 1 つのサンプルを用いるだけの確率的最適化を構築することができます.

実際は, 毎回の更新で用いるサンプルは 1 個ではなく複数個用いるミニバッチ法を用いる方が一般的です. これは座標降下法の言葉では座標の部分集合を選択することに対応するので, **ブロック座標降下法 (block coordinate descent)** で実現できます. ミニバッチ法を用いることでメモリからサンプルをロードするオーバーヘッドを減らしたり, 線形演算を効率化したり, 並列演算を可能にさせたりすることができます.

SDCA のアルゴリズムを定義する前にいくつかの仮定をおきます.

> **仮定 5.2.2**
>
> 1. ある $\lambda > 0$ が存在して，ψ は λ-強凸.
> 2. ある $\gamma > 0$ が存在して，f_i は γ-平滑.

ψ の強凸性より，ψ^* は $1/\lambda$-平滑です（定理 2.5.8）．この λ は既知であると
します．また，f_i の γ-平滑性より，f_i^* は $1/\gamma$-強凸です（定理 2.5.8）．たとえば
$\psi(\beta)$ としてリッジ正則化 $\lambda\|\beta\|^2$ を用いればこの仮定は満たされます．ほか
にもエラスティックネット正則化 $\psi(\beta) = \lambda_0\|\beta\|_1 + \lambda\|\beta\|^2$ もこの仮定を満た
します．典型的には $\lambda = \Omega(1/n)$ や $\Omega(1/\sqrt{n})$ なるオーダーで設定します．f_i
の平滑性については，ロジスティック損失 $f_i(u) = \log(1+\exp(-y_i u))$ $(y_i \in \{\pm 1\})$ や平滑化ヒンジ損失

$$
f_i(u) = \begin{cases} 0 & (y_i u \geq 1), \\ \frac{1}{2} - y_i u & (y_i u < 0), \\ \frac{1}{2}(1 - y_i u)^2 & (\text{otherwise}), \end{cases} \tag{5.2}
$$

はそれぞれ $\gamma = 1/4$ と 1 で条件を満たします．

ベクトル $x \in \mathbb{R}^d$ に対して，インデックス集合 $I \subseteq \{1,\dots,d\}$ で決まる
$x_I \in \mathbb{R}^{|I|}$ を I で定まる部分ベクトル $(x_i)_{i \in I}$ とします．また，$X \in \mathbb{R}^{p \times n}$ に
対し，$I \subseteq \{1,\dots,n\}$ で定まる X_I を I に対応する行を抽出した部分行列と
します：$X_I = [x_{i_1},\dots,x_{i_{|I|}}]$ $(i_j \in I)$．

I の選択の方法はすべての i について $P(i \in I) = K/n$ かつ $|I| = K$ であ
れば何でも構いません．たとえば一様に重複なしで K 個のインデックスを
選んでもいいですし，全体を $\lceil n/K \rceil$ 個のブロックに分けて，それぞれを等
しい確率で抽出してもよいです[*3]．

以上をふまえまして SDCA のアルゴリズムをアルゴリズム 5.1 に示し
ます．

SDCA の更新式 (5.3) より，更新されるのは α の一部分 I に含まれる座
標のみです．また，更新式に現れるサンプルは I に含まれるサンプルのみで
す．よって，更新の計算はオンライン型確率的最適化とほぼ同じ計算量で済

[*3] サンプリングの確率を非一様にさせることも可能ですが，アルゴリズムに少し修正が必要です．

100 Chapter 5 バッチ型確率的最適化

アルゴリズム 5.1 確率的双対座標降下法 (SDCA)

$\alpha^{(0)} = \mathbf{0}$, $\beta^{(0)} = \nabla\psi^*(\mathbf{0})$ と初期化.
$t = 1, 2, \ldots, T$ で以下を実行:

1. 変数の部分集合 $I \subseteq \{1, \ldots, n\}$ を $P(i \in I) = K/n$ $(\forall i)$ かつ $|I| = K$ となるようランダムに選択.

2. $H_I \in \mathbb{R}^{|I| \times |I|}$ を任意の半正定値対称行列として, $\alpha^{(t)}$ を次のように更新:

$$\alpha_I^{(t)} \in \operatorname*{argmin}_{\alpha_i \ (i \in I)} \Big\{ \sum_{i=1}^{|I|} f_i^*(\alpha_i) - \beta^{(t-1)\top} X_I(\alpha_I - \alpha_I^{(t-1)})]$$
$$+ \frac{1}{2\lambda n} \|\alpha_I - \alpha_I^{(t-1)}\|_{X_I^\top X_I + H_I}^2 \Big\}, \tag{5.3a}$$

$$\alpha_i^{(t)} = \alpha_i^{(t-1)} \quad (i \notin I). \tag{5.3b}$$

3. $\beta^{(t)} = \nabla\psi^*(-X\alpha^{(t)}/n)$.

みます. なお, 更新式は, 最も単純な場合 $I = \{i\}$ で $H_I = O$ の場合を考えますと,

$$\alpha_i^{(t)} \in \operatorname*{argmin}_{\alpha_i \in \mathbb{R}} \left\{ f_i^*(\alpha_i) - x_i^\top \beta^{(t-1)}(\alpha_i - \alpha_i^{(t-1)}) + \frac{\|x_i\|^2}{2\lambda n} \|\alpha_i - \alpha_i^{(t-1)}\|^2 \right\}$$

となります. ψ^* が $1/\lambda$-平滑であることを思い出しますと, 第 2 項以降は ψ^* の 2 次近似になっています. このとき, 近接写像の記法を用いますと,

$$\alpha_i^{(t)} = \operatorname{prox}_{\lambda n f_i^*/\|x_i\|^2}(\alpha_i^{(t-1)} + \lambda n x_i^\top \beta^{(t-1)}/\|x_i\|^2)$$

となります. 多くの f_i^* でこの近接写像に必要な最適化は性質がよく, ときには陽に求まります. 平滑化ヒンジ損失はその 1 つの例です.

例 5.2.3

平滑化ヒンジ損失 (式 (5.2)) に関する近接写像は次のように与えられます:

$$
\mathrm{prox}_{f_i^*/C}(u) = \begin{cases} \frac{Cu-y_i}{1+C} & (-1 \le \frac{Cuy_i-1}{1+C} \le 0), \\ -y_i & (-1 > \frac{Cuy_i-1}{1+C}), \\ 0 & (\text{otherwise}). \end{cases}
$$

さらに，f_i^* が陽に求まらなくても，近接写像は $\mathrm{prox}_{f^*}(x) = x - \mathrm{prox}_f(x)$ なる性質を持つので，f_i に関する近接写像が計算ができれば実行可能です．また，f_i^* を $\alpha_i^{(t-1)}$ 周りで線形近似したもの ($\langle \nabla f_i^*(\alpha_i^{(t-1)}), \alpha_i \rangle$) で代用してもステップサイズを適切に選べばこの後で述べるような収束を達成することが知られています [33]．

H_I の設定のしかたは任意であり，特に $H_I = O$ として構いません．ただし，H_I の設定を工夫することによって更新に必要な最適化を簡略化することができます．たとえば $H_I = \eta_I \mathrm{I} - X_I^\top X_I \succeq O$ のように設定すれば，

$$
X_I^\top X_I + H_I = \eta_I \mathrm{I} \tag{5.4}
$$

と対角行列にすることができます．そうしますと，α_i の更新を I の中で分離でき，各 $i \in I$ での更新式が

$$
\alpha_i^{(t)} = \mathrm{prox}_{\lambda n f_i^*/\eta_I}(\alpha_i^{(t-1)} + \lambda n x_i^\top \beta^{(t-1)}/\eta_I)
$$

となります．この更新式は，i ごとに独立ですので並列化が可能です．

さて，SDCA の収束レートについて述べましょう．$P(\beta) = \frac{1}{n}\sum_{i=1}^n f_i(x_i^\top \beta) + \psi(\beta)$ を主問題の目的関数値，$D(\alpha) = \frac{1}{n}\sum_{i=1}^n f_i^*(\alpha_i) + \psi^*(-X\alpha/n)$ を双対問題の目的関数値 (の符号を反転させたもの) とします．β^*, α^* を主・双対問題それぞれの最適解とします．フェンシェルの双対定理より，

$$
0 \le P(\beta) - P(\beta^*) \le P(\beta) + D(\alpha)
$$

がすべての β, α で成り立ちます．

102 **Chapter 5** バッチ型確率的最適化

定理 5.2.4

ある R^2 が存在して，SDCA が生成するすべての座標の集合 I に対し，

$$\|X_I^\top X_I + H_I\|_{\mathrm{op}} \le KR^2 \tag{5.5}$$

が成り立つと仮定します．ただし，$\|\cdot\|_{\mathrm{op}}$ は作用素ノルム (最大固有値) です．この仮定と仮定 5.2.2 のもと，SDCA は次のような収束を達成します:

$$\mathrm{E}[P(\bar{\beta}^{(T)}) - D(\bar{\alpha}^{(T)})]$$

$$\le \left(\frac{n}{K} + \frac{R^2}{\lambda\gamma}\right) \exp\left(-\frac{KT}{n + \frac{KR^2\gamma}{\lambda}}\right) (D(\alpha^{(0)}) - D(\alpha^*)),$$

ただし，期待値は座標の選び方に関してとっています．

定理の仮定 (5.5) について解説します．$\|x_i\| \le \tilde{R}$ $(\forall i)$ のとき $\|X_I^\top X_I\|_{\mathrm{op}} \le K\tilde{R}^2$ が成り立ちます．なぜなら，$\alpha \in \mathbb{R}^I$ に対し，$\alpha^\top(X_I^\top X_I)\alpha = \|\sum_{i\in I} \alpha_i x_i\|^2 \le (\sum_{i\in I} |\alpha_i|)^2 \tilde{R}^2 \le K\tilde{R}^2\|\alpha\|^2$ であるからです．さらに，もしすべての $i \ne j$ で $x_i^\top x_j = 0$ なら，$\alpha^\top(X_I^\top X_I)\alpha = \sum_{i\in I} \alpha_i^2\|x_i\|^2 \le \|\alpha\|^2\tilde{R}^2$ となるので，より小さな R $(R = \tilde{R}/\sqrt{K})$ でこの条件が成り立ちます．さらに，$\eta_I = K\tilde{R}^2$ として $H_I = \eta_I\mathrm{I} - X_I^\top X_I$ とすれば，$\|X_I^\top X_I\|_{\mathrm{op}} \le K\tilde{R}^2$ のもとで $H_I \succeq O$ で，また $R = \tilde{R}$ で条件 $\|X_I^\top X_I + H_I\|_{\mathrm{op}} \le KR^2$ が成り立ちます．

定理より，ミニバッチ $(K > 1)$ を用いれば 1 反復あたりの計算時間は増えますが，収束レートが改善されることがわかります．また，上の議論より x_i がばらけていれば R を小さくとることができ，並列化などを用いればその分得をすることになります (以下の議論を参照)．

上の定理より，SDCA は指数的に収束することがわかります．これはオンライン型確率的最適化 $(O(1/(\lambda T))$ 収束) と大きく異なる点です．両者のよさを両立するよう，まずはオンライン型確率的最適化を適用してから，より正確な最適解を求めるために SDCA を適用するという使い方をすることも

あります．次に全サンプルを用いた近接勾配法 (バッチ近接勾配法) との違いを見てみましょう．簡単のため $K = 1$ とします．バッチ近接勾配法の場合，誤差 ϵ に到達するまでの計算時間は

$$T = O\left(\frac{n\gamma}{\lambda} \log(1/\epsilon)\right)$$

だけかかることが知られています (定理 A.2.5 より反復回数 $O(\frac{\gamma}{\lambda}\log(1/\epsilon))$，1 反復当たり $O(n)$ の計算時間)．一方，SDCA の計算時間は

$$T = O\left(\left(n + \frac{\gamma}{\lambda}\right) \log(1/\epsilon)\right) \tag{5.6}$$

で，n と条件数 $\frac{\gamma}{\lambda}$ がかけ算ではなく足し算になっており，計算時間が改善されていることがわかります．さらに，ミニバッチを用いた場合 $(K > 1)$，x_i がばらけていて $R = \tilde{R}/\sqrt{K}$ とできるなら

$$T = O\left(\left(\frac{n}{K} + \frac{\gamma}{\lambda K}\right) \log(1/\epsilon)\right),$$

となり，並列化による高速化が期待できます．

また，ネステロフの加速法を用いた近接勾配法の計算時間は

$$T = O\left(n\sqrt{\frac{\gamma}{\lambda}} \log(1/\epsilon)\right)$$

です（定理 A.2.7）．ネステロフの加速法を用いた SDCA のさらなる高速化も考察されていて，それを用いますと，計算時間が $O\left((n + \sqrt{\frac{n\gamma}{\lambda}}) \log(1/\epsilon)\right)$ となります [19]．

5.2.2　確率的双対座標降下法の収束証明

まず次の補題を示します．

104　**Chapter 5**　バッチ型確率的最適化

補題 5.2.5

仮定 5.2.2 のもと，$\forall s \in [0,1]$ に対して，

$$\mathrm{E}[D(\alpha^{(t)})-D(\alpha^{(t-1)})] \leq -\frac{sK}{n}\mathrm{E}[P(\beta^{(t-1)})+D(\alpha^{(t-1)})]+\left(\frac{s}{n}\right)^2\frac{G^{(t)}}{2\lambda},$$

が成り立ちます．ただし，$G^{(t)}$ は $u_i^{(t-1)} \in \partial f_i(x_i^\top \beta^{(t-1)})$ に対して，

$$G^{(t)} = \mathrm{E}\left[\|u_I^{(t-1)}-\alpha_I^{(t-1)}\|^2_{X_I^\top X_I+H_I-\frac{(1-s)\lambda n}{\gamma s}I}\right]$$

と定義されます．なお，ここでは $\|\cdot\|^2_H$ を，半正定とは限らない対称行列 H にも拡張して $\|x\|^2_H := x^\top H x$ と定義します．

証明. まず，ψ^* は $1/\lambda$-平滑であることより，

$$\psi^*(-X\alpha/n) \leq \psi^*(-X\alpha'/n) + \langle\beta, -X(\alpha-\alpha')/n\rangle + \frac{1}{2\lambda n^2}\|X(\alpha-\alpha')\|^2$$

が $\beta \in \partial\psi^*(-X\alpha'/n)$ に対して成り立つことに注意します．

α の更新則より，$\alpha^{(t)}$ は $\alpha^{(t-1)}$ と比べて I に対応する成分しか変化していないので，

$$\begin{aligned}
n[D&(\alpha^{(t)}) - D(\alpha^{(t-1)})] \\
&= \sum_{i\in I} f_i^*(\alpha_i^{(t)}) + n\psi^*(-X\alpha^{(t)}/n) \\
&\quad - \sum_{i\in I} f_i^*(\alpha_i^{(t-1)}) - n\psi^*(-X\alpha^{(t-1)}/n) \\
&\leq \sum_{i\in I} f_i^*(\alpha_i^{(t)}) + \langle\beta^{(t-1)}, -X(\alpha^{(t)}-\alpha^{(t-1)})\rangle \\
&\quad + \frac{1}{2\lambda n}\|X(\alpha^{(t)}-\alpha^{(t-1)})\|^2 - \sum_{i\in I} f_i^*(\alpha_i^{(t-1)})
\end{aligned}$$

$$
= \sum_{i \in I} f_i^*(\alpha_i^{(t)}) - \langle \beta^{(t-1)}, X_I(\alpha_I^{(t)} - \alpha_I^{(t-1)}) \rangle
$$
$$
+ \frac{1}{2\lambda n} \|X_I(\alpha_I^{(t)} - \alpha_I^{(t-1)})\|^2 - \sum_{i \in I} f_i^*(\alpha_i^{(t-1)})
$$
$$
\leq \sum_{i \in I} f_i^*(\alpha_i^{(t)}) - \langle \beta^{(t-1)}, X_I(\alpha_I^{(t)} - \alpha_I^{(t-1)}) \rangle
$$
$$
+ \frac{1}{2\lambda n} \|\alpha_I^{(t)} - \alpha_I^{(t-1)}\|^2_{X_I^\top X_I + H_I} - \sum_{i \in I} f_i^*(\alpha_i^{(t-1)})
$$

となります. ここで, 右辺の第 3 項までは $\alpha^{(t)}$ の更新式で最小化している目的関数なので, 任意の $s \in [0,1]$ に対し,

$$
A = \sum_{i \in I} f_i^*(su_i^{(t-1)} + (1-s)\alpha_i^{(t-1)}) - \langle \beta^{(t-1)}, X_I(su_I^{(t-1)} - s\alpha_I^{(t-1)}) \rangle
$$
$$
+ \frac{1}{2\lambda n} \|su_I^{(t-1)} - s\alpha_I^{(t-1)}\|^2_{X_I^\top X_I + H_I}
$$

で上から抑えられます. ここで, f_i^* は $1/\gamma$-強凸なので,

$$
f_i^*(su_i^{(t-1)} + (1-s)\alpha_i^{(t-1)})
$$
$$
\leq sf_i^*(u_i^{(t-1)}) + (1-s)f_i^*(\alpha_i^{(t-1)}) - \frac{s(1-s)}{2\gamma}\|u_i^{(t-1)} - \alpha_i^{(t-1)}\|^2
$$

です. よって

$$
A
$$
$$
\leq \sum_{i \in I} [sf_i^*(u_i^{(t-1)}) + (1-s)f_i^*(\alpha_i^{(t-1)}) - \frac{s(1-s)}{2\gamma}\|u_i^{(t-1)} - \alpha_i^{(t-1)}\|^2]
$$
$$
- s\langle \beta^{(t-1)}, X_I(u_I^{(t-1)} - \alpha_I^{(t-1)}) \rangle + \frac{s^2}{2\lambda n}\|u_I^{(t-1)} - \alpha_I^{(t-1)}\|^2_{X_I^\top X_I + H_I}
$$
$$
= \sum_{i \in I} s[(f_i^*(u_i^{(t-1)}) - x_i^\top \beta^{(t-1)} u_i^{(t-1)}) - (f_i^*(\alpha_i^{(t-1)}) - x_i^\top \beta^{(t-1)} \alpha_i^{(t-1)})]
$$
$$
+ \sum_{i \in I} f_i^*(\alpha_i^{(t-1)}) + \frac{s}{2}\|u_I^{(t-1)} - \alpha_I^{(t-1)}\|^2_{\frac{s}{\lambda n}(X_I^\top X_I + H_I) - (1-s)I/\gamma}
$$

となります. ここで, $u_i^{(t-1)}$ の定義より, 劣微分の性質 (式 (2.4)) を用いると

$$f_i^*(u_i^{(t-1)}) - (x_i^\top \beta^{(t-1)})(u_i^{(t-1)}) = -f_i(x_i^\top \beta^{(t-1)}),$$

です．これらを統合しますと，

$$n[D(\alpha^{(t)}) - D(\alpha^{(t-1)})]$$
$$\leq \sum_{i \in I} s[-f_i(x_i^\top \beta^{(t-1)}) - (f_i^*(\alpha_i^{(t-1)}) - x_i^\top \beta^{(t-1)} \alpha_i^{(t-1)})]$$
$$+ \frac{s}{2} \|u_I^{(t-1)} - \alpha_I^{(t-1)}\|_{\frac{s}{\lambda n}(X_I^\top X_I + H_I) - (1-s)\mathrm{I}/\gamma}^2$$

となります．ここで，両辺 I の選び方について期待値をとると

$$n\mathrm{E}[D(\alpha^{(t)}) - D(\alpha^{(t-1)})]$$
$$\leq \frac{K}{n} \sum_{i=1}^n s[-f_i(x_i^\top \beta^{(t-1)}) - f_i^*(\alpha_i^{(t-1)}) + (x_i^\top \beta^{(t-1)})\alpha_i^{(t-1)}]$$
$$+ \frac{s}{2} \mathrm{E}\left[\|u_I^{(t-1)} - \alpha_I^{(t-1)}\|_{\frac{s}{\lambda n}(X_I^\top X_I + H_I) - (1-s)\mathrm{I}/\gamma}^2\right]$$

となります．ここで，$\beta^{(t-1)}$ の定義と共役関数および劣微分の性質 (式 (2.4)) より

$$\frac{1}{n} \sum_{i=1}^n (x_i^\top \beta^{(t-1)})\alpha_i^{(t-1)} = -\beta^{(t-1)\top} \left(-\frac{X\alpha^{(t-1)}}{n}\right)$$
$$= -\psi(\beta^{(t-1)}) - \psi^* \left(-\frac{X\alpha^{(t-1)}}{n}\right)$$

です．よって，

$$n\mathrm{E}[D(\alpha^{(t)}) - D(\alpha^{(t-1)})]$$
$$\leq sK\Big[-\frac{1}{n} \sum_{i=1}^n f_i(x_i^\top \beta^{(t-1)}) - \psi(\beta^{(t-1)})$$
$$- \frac{1}{n} \sum_{i=1}^n f_i^*(\alpha_i^{(t-1)}) - \psi^*(-X\alpha^{(t-1)}/n)\Big]$$
$$+ \frac{s^2}{2\lambda n} \mathrm{E}\left[\|u_I^{(t-1)} - \alpha_I^{(t-1)}\|_{(X_I^\top X_I + H_I) - \frac{\lambda n(1-s)}{s\gamma}\mathrm{I}}^2\right]$$
$$= -sK(P(\beta^{(t-1)}) + D(\alpha^{(t-1)})) + \frac{s^2}{2\lambda n} G^{(t)}$$

を得ます. 両辺 $1/n$ 倍することで題意を得ます. □

では，定理 5.2.4 を証明しましょう.

定理 5.2.4 の証明.

$$\|X_I^\top X_I + H_I\|_{\mathrm{op}} \leq KR^2$$

より，$s = \frac{\lambda n}{KR^2\gamma + \lambda n} \in [0,1]$ とすれば，

$$X_I^\top X_I + H_I - \frac{(1-s)\lambda n}{s\gamma}\mathrm{I} = X_I^\top X_I + H_I - KR^2\mathrm{I} \preceq O$$

です．よって $G^{(t)} \leq 0$ となります．これより，補題 5.2.5 を用いると

$$\mathrm{E}[D(\alpha^{(t)}) - D(\alpha^{(t-1)})] \leq -\frac{Ks}{n}\mathrm{E}[P(\beta^{(t-1)}) + D(\alpha^{(t-1)})]$$

$$\leq -\frac{Ks}{n}\mathrm{E}[D(\alpha^{(t-1)}) - D(\alpha^*)]$$

を得ます．よって，

$$\mathrm{E}[D(\alpha^{(t)}) - D(\alpha^*)] \leq \left(1 - \frac{sK}{n}\right)\mathrm{E}[D(\alpha^{(t-1)}) - D(\alpha^*)]$$

$$\leq \left(1 - \frac{sK}{n}\right)^t (D(\alpha^{(0)}) - D(\alpha^*))$$

$$\leq \exp\left(-\frac{sKt}{n}\right)(D(\alpha^{(0)}) - D(\alpha^*))$$

となります．これより，補題 5.2.5 を再度用いて

$$\mathrm{E}[P(\beta^{(t)}) - D(\alpha^{(t)})] \leq \frac{n}{sK}\mathrm{E}[D(\alpha^{(t)}) - D(\alpha^{(t+1)})]$$

$$\leq \frac{n}{sK}\mathrm{E}[D(\alpha^{(t)}) - D(\alpha^*)]$$

$$\leq \frac{n}{sK}\exp\left(-\frac{sKt}{n}\right)(D(\alpha^{(0)}) - D(\alpha^*))$$

となります．あとは，$s = \frac{\lambda n}{KR^2\gamma + \lambda n}$ を代入することで題意を得ます． □

5.3 確率的分散縮小勾配降下法

5.3.1 確率的分散縮小勾配降下法のアルゴリズム

前節では，双対問題を用いることで指数オーダーの収束を実現する確率的最適化法を構成しました．ここでは，確率的分散縮小勾配降下法 (SVRG) と呼ばれる，主問題において指数オーダーを達成する方法について解説します [14,40]．この方法も確率的勾配降下法とほぼ同じ計算量で指数オーダーを達成します．

扱う最適化問題は前節と同じく，式 (5.1) にあるような正則化学習問題です．すなわち，

$$P(\beta) := f(\beta) + \psi(\beta),$$

として $\inf_{\beta \in \mathbb{R}^p} P(\beta)$ を実行します．ここで，

$$f(\beta) = \frac{1}{n} \sum_{i=1}^{n} \ell_i(\beta)$$

とします．

確率的勾配降下法で行っていたことは，各ステップで $f(\beta)$ の (劣) 勾配をとり，これを用いて $f(\beta)$ を線形近似することでした．ただし，$f(\beta)$ の勾配を直接計算するには $O(n)$ の計算量がかかるので，サンプルをランダムに抽出して $\ell_t(\beta)$ の勾配 $\nabla \ell_t(\beta)$ で代用していました．このとき $\nabla \ell_t(\beta)$ の期待値が $f(\beta)$ の勾配になっていることが重要でした．SVRG では確率的勾配降下法と同様に期待値がもとの関数 $f(\beta)$ の勾配になっているようなベクトルを用意します．しかし，SVRG はその分散にも注目し，SGD と比べて大幅に小さくなるように勾配の推定量を構成します．バラツキが小さな勾配の推定量を用いたほうが性能がよくなるのは直感的に自然でしょう．サンプルが固定されているために分散を大きく減少させることができます．

仮定 5.3.1

1. ある α が存在して，$P(\beta)$ は α-強凸.
2. ある γ が存在して，ℓ_i は γ-平滑.

第 1 の仮定は，正則化項として $\psi(\beta) = \lambda\|\beta\|^2$ を用たときは少なくとも $\alpha = \lambda$ で成り立ちます．第 2 の仮定より，f も微分可能で γ-平滑になります．SVRG の手順をアルゴリズム 5.2 に与えます．

アルゴリズム 5.2 確率的分散縮小勾配降下法 (SVRG)

$\hat{\beta}_0 = \mathbf{0}$ と初期化.
$t = 1, 2, \ldots, T$ で以下を実行.

1. $\hat{\beta} = \hat{\beta}_{t-1}$, $\hat{g} = \nabla f(\hat{\beta})$, $\beta_0 = \hat{\beta}$ と設定.
2. $k = 1, \ldots, m$ で以下を実行.

   (a) サンプルのインデックス $i \in \{1, \ldots, n\}$ を一様にサンプリング.
   (b) $g_k = \nabla \ell_i(\beta_{k-1}) - \nabla \ell_i(\hat{\beta}) + \hat{g}$ と設定.
   (c) β_k を次のように更新:
   $$\beta_k = \text{prox}_{\psi/\eta}(\beta_{k-1} - g_k/\eta).$$

3. $\hat{\beta}_t = \frac{1}{m}\sum_{k=1}^{m}\beta_k$ と設定.

アルゴリズム 5.2 の意味を解説しましょう．まずアルゴリズムは二重のループになっており，外側のループで計算した $\hat{\beta}$ で内側のループの β_k を近似します．$\hat{g}$ は全サンプルを用いて計算し，分散は 0 です．これが内側のループの β_k における勾配 $\nabla f(\beta_k)$ の近似になっています．g_k の期待値は $\nabla f(\beta_{k-1})$ になります:

$$\mathrm{E}[g_k] = \frac{1}{n} \sum_{i=1}^{n} \left[\nabla \ell_i(\beta_{k-1}) - \nabla \ell_i(\hat{\beta}) + \hat{g} \right]$$

$$= \frac{1}{n} \sum_{i=1}^{n} \nabla \ell_i(\beta_{k-1}) - \frac{1}{n} \sum_{i=1}^{n} \nabla \ell_i(\hat{\beta}) + \hat{g}$$

$$= \nabla f(\beta_{k-1}) - \nabla f(\hat{\beta}) + \nabla f(\hat{\beta})$$

$$= \nabla f(\beta_{k-1}).$$

また，g_k の分散は $\nabla \ell_i(\beta_{k-1})$ に $-\nabla \ell_i(\hat{\beta}) + \hat{g}$ を足して補正している分，縮小されています．勾配の分散はサンプルの選び方がランダムであることから生じますが，ここでは β_{k-1} に十分近い $\hat{\beta}$ における勾配 $\nabla \ell_i(\hat{\beta})$ を引いて分散を減らしてから，その期待値である $\hat{g}$ を足すことで g_k が f の勾配の不偏推定量であることを保たせています．

β_k の更新は近接写像の計算で済むので，SGD の更新と同じ計算量です．

定理 5.3.2

仮定 5.3.1 のもと，η と m を $\eta > 4\gamma$ かつ

$$\rho := \frac{\eta}{\alpha(1 - 4\gamma/\eta)m} + \frac{4\gamma(m+1)}{\eta(1 - 4\gamma/\eta)m} < 1$$

を満たすようにとります．すると，

$$\mathrm{E}[P(\hat{\beta}_T) - P(\beta^*)] \leq \rho^T (P(\hat{\beta}_0) - P(\beta^*))$$

が成り立ちます．

仮定より $4\gamma/\eta < 1$ であるので，m の条件を簡単にしますと

$$m \geq \Omega\left(\frac{\gamma}{\alpha}\right)$$

といえます．今，各 t で必要となる計算量は $O(n+m)$ で，精度 ϵ までに必要な外側のループは $T = O(\log(1/\epsilon))$ 回です．これより，全体的な計算量は

$$O\left((n+m)\log(1/\epsilon)\right) = O\left(\left(n + \frac{\gamma}{\alpha}\right)\log(1/\epsilon)\right)$$

となります．これは，SDCA の全体計算量と同じです (式 (5.6) 参照)．

なお，P の強凸性 α が正則化項のみから由来している場合，典型的には $\alpha = \Omega(1/n)$ となります．その場合，γ は n によらない定数なので，$m \geq \Omega(n)$ となります．

最後に SVRG でミニバッチを用いる方法について述べましょう．最も簡単な方法は，g_k を求める際にランダムに 1 つのサンプルを選択するのではなく，K 個のサンプルを選択する方法です．この場合，インデックスの選択と g_k の設定を次のように変えます．

- K 個のサンプルのインデックス $\{i_1, i_2, \ldots, i_K\}$ を $\{1, \ldots, n\}$ から一様に独立にサンプリングします．
- $g_k = \frac{1}{K} \sum_{j=1}^{K} \left(\nabla \ell_{i_j}(\beta_{k-1}) - \nabla \ell_{i_j}(\hat{\beta}) \right) + \hat{g}$ と設定．

このとき，定理 5.3.2 と同様に次の収束が示せます．

定理 5.3.3

η と m を $\eta > 4\gamma$ かつ

$$\rho_K := \frac{\eta}{\alpha(1 - 4\gamma/(K\eta))m} + \frac{4\gamma(m+1)}{K\eta(1 - 4\gamma/(K\eta))m} < 1$$

を満たすように取れば，ミニバッチ法は次のように収束します：

$$\mathrm{E}[P(\hat{\beta}_T) - P(\beta^*)] \leq \rho_K^T (P(\hat{\beta}_0) - P(\beta^*)).$$

これより，ミニバッチを用いることで条件を充たす m を数倍小さくできることがわかります．よってミニバッチの計算を並列化させることで計算効率の向上が期待できます．さらにネステロフの加速法とミニバッチ法を併用することで収束を加速させることが可能です [26]．この方法を用いますと

$$m \geq \Omega\left(\sqrt{\frac{\gamma}{\alpha}} \right)$$

で済ませることが可能です．

5.3.2 確率的分散縮小勾配法の収束証明

定理 5.3.2 の証明をします．ミニバッチ法の収束 (定理 5.3.3) に関しても少しの修正で示せます．

まず次の補題を証明しましょう.

補題 5.3.4

定理 5.3.2 の仮定のもと,次が成り立ちます: $\forall \beta \in \mathbb{R}^p$,

$$\frac{1}{n}\sum_{i=1}^{n}\|\nabla \ell_i(\beta) - \nabla \ell_i(\beta^*)\|^2 \leq 2\gamma[P(\beta) - P(\beta^*)].$$

証明. まず,

$$h_i(\beta) = \ell_i(\beta) - \ell_i(\beta^*) - \langle \nabla \ell_i(\beta^*), \beta - \beta^* \rangle$$

とします.すると,$\nabla h_i(\beta^*) = \mathbf{0}$ であり,$\min_\beta h_i(\beta) = h_i(\beta^*) = 0$ です.ここで,補題 2.5.6 を用いますと

$$\|\nabla h_i(\beta)\|^2 \leq 2\gamma[\ell_i(\beta) - \ell_i(\beta^*) - \langle \nabla \ell_i(\beta^*), \beta - \beta^* \rangle]$$

となります.両辺 $i = 1, \ldots, n$ で平均すると

$$\frac{1}{n}\sum_{i=1}^{n}\|\nabla h_i(\beta)\|^2 \leq 2\gamma[f(\beta) - f(\beta^*) - \langle \nabla f(\beta^*), \beta - \beta^* \rangle] \tag{5.7}$$

となります.ここで,β^* は $P(\beta)$ を最小化しますので,$\mathbf{0} \in \partial P(\beta^*)$ であり,$-\nabla f(\beta^*) \in \partial \psi(\beta^*)$ がわかります.すなわち

$$\langle -\nabla f(\beta^*), \beta - \beta^* \rangle \leq \psi(\beta) - \psi(\beta^*)$$

となります.これを式 (5.7) に適用して補題が証明されます. $\qquad \square$

定理 5.3.2 の証明. f の平滑性より,

$$\begin{aligned}
f(\beta^*) \geq & f(\beta_{k-1}) + \langle \nabla f(\beta_{k-1}), \beta^* - \beta_{k-1} \rangle \\
\geq & f(\beta_k) - \langle \nabla f(\beta_{k-1}), \beta_k - \beta_{k-1} \rangle - \frac{\gamma}{2}\|\beta_k - \beta_{k-1}\|^2 \\
& + \langle \nabla f(\beta_{k-1}), \beta^* - \beta_{k-1} \rangle \quad (\because f \text{ の } \gamma\text{-平滑性より}) \\
= & f(\beta_k) + \langle \nabla f(\beta_{k-1}), \beta^* - \beta_k \rangle - \frac{\gamma}{2}\|\beta_k - \beta_{k-1}\|^2
\end{aligned}$$

です.

$\beta_k = \mathrm{prox}_{\psi/\eta}(\beta_{k-1} - g_k/\eta)$ なので，近傍写像 prox の性質より，

$$\xi = \eta\left\{(\beta_{k-1} - g_k/\eta) - \beta_k\right\}$$

とすれば，$\xi \in \partial\psi(\beta_k)$ です．よって，

$$\psi(\beta^*) \geq \psi(\beta_k) + \langle \xi, \beta^* - \beta_k \rangle$$

です．

これらを合わせて，

$$
\begin{aligned}
P(\beta^*) &= f(\beta^*) + \psi(\beta^*)\\
&\geq P(\beta_k) + \langle \nabla f(\beta_{k-1}) + \xi, \beta^* - \beta_k \rangle - \frac{\gamma}{2}\|\beta_k - \beta_{k-1}\|^2\\
&= P(\beta_k) + \langle \nabla f(\beta_{k-1}) - g_k, \beta^* - \beta_k \rangle + \eta\langle \beta_{k-1} - \beta_k, \beta^* - \beta_k \rangle\\
&\quad - \frac{\gamma}{2}\|\beta_k - \beta_{k-1}\|^2.
\end{aligned}
$$

ここで，補題 A.1.2 より

$$\langle \beta_{k-1} - \beta_k, \beta^* - \beta_k \rangle = \frac{1}{2}\|\beta_{k-1} - \beta_k\|^2 + \frac{1}{2}\|\beta^* - \beta_k\|^2 - \frac{1}{2}\|\beta^* - \beta_{k-1}\|^2$$

なので，

$$
\begin{aligned}
P(\beta^*) \geq &P(\beta_k) + \langle \nabla f(\beta_{k-1}) - g_k, \beta^* - \beta_k \rangle + \frac{\eta - \gamma}{2}\|\beta_{k-1} - \beta_k\|^2\\
&+ \frac{\eta}{2}\|\beta^* - \beta_k\|^2 - \frac{\eta}{2}\|\beta^* - \beta_{k-1}\|^2
\end{aligned}
$$

となります．ここで，$\eta > 4\gamma$ を用いると，

$$
\begin{aligned}
\frac{\eta}{2}\|\beta^* - \beta_k\|^2 &+ P(\beta_k) - P(\beta^*)\\
&\leq \frac{\eta}{2}\|\beta^* - \beta_{k-1}\|^2 + \langle \nabla f(\beta_{k-1}) - g_k, \beta_k - \beta^* \rangle
\end{aligned}
\tag{5.8}
$$

を得ます．

さて，$\mathrm{E}[\langle \nabla f(\beta_{k-1}) - g_k, \beta_k - \beta^* \rangle]$ を抑えましょう．ただし，期待値はインデックス i の選び方に関してとっています．$\tilde{\beta}_k = \mathrm{prox}_{\psi/\eta}(\beta_{k-1} - \nabla f(\beta_{k-1})/\eta)$ とすると，$\mathrm{E}[g_k] = \nabla f(\beta_{k-1})$ より，

$$\mathrm{E}[\langle \nabla f(\beta_{k-1}) - g_k, \tilde{\beta}_k - \beta^* \rangle] = 0$$

です．これと，近接写像の性質 $(\|\mathrm{prox}_f(x) - \mathrm{prox}_f(y)\| \leq \|x - y\|)$ より

$$
\begin{aligned}
&\mathrm{E}[\langle \nabla f(\beta_{k-1}) - g_k, \beta_k - \beta^*\rangle]\\
&= \mathrm{E}[\langle \nabla f(\beta_{k-1}) - g_k, \beta_k - \tilde{\beta}_k\rangle]\\
&\leq \mathrm{E}[\|\nabla f(\beta_{k-1}) - g_k\|\|\tilde{\beta}_k - \beta_k\|]\\
&\leq \mathrm{E}[\|\nabla f(\beta_{k-1}) - g_k\|\|\beta_{k-1} - \nabla f(\beta_{k-1})/\eta - (\beta_{k-1} - g_k/\eta)\|]\\
&= \frac{1}{\eta}\mathrm{E}[\|\nabla f(\beta_{k-1}) - g_k\|^2]
\end{aligned}
$$

となります．

さらに，補題 5.3.4 より，

$$
\begin{aligned}
&\mathrm{E}[\|g_k - \nabla f(\beta_{k-1})\|^2]\\
&= \mathrm{E}[\|\nabla \ell_i(\beta_{k-1}) - \nabla \ell_i(\hat{\beta}) + \nabla f(\hat{\beta}) - \nabla f(\beta_{k-1})\|^2]\\
&= \mathrm{E}[\|\nabla \ell_i(\beta_{k-1}) - \nabla \ell_i(\hat{\beta})\|^2] - \mathrm{E}[\|\nabla f(\hat{\beta}) - \nabla f(\beta_{k-1})\|^2]\\
&\leq \mathrm{E}[\|\nabla \ell_i(\beta_{k-1}) - \nabla \ell_i(\hat{\beta})\|^2]\\
&= \mathrm{E}[\|\nabla \ell_i(\beta_{k-1}) - \nabla \ell_i(\beta^*) + (\nabla \ell_i(\beta^*) - \nabla \ell_i(\hat{\beta}))\|^2]\\
&\leq 2\mathrm{E}[\|\nabla \ell_i(\beta_{k-1}) - \nabla \ell_i(\beta^*)\|^2] + 2\mathrm{E}[\|\nabla \ell_i(\beta^*) - \nabla \ell_i(\hat{\beta})\|^2]\\
&\leq 4\gamma(P(\beta_{k-1}) - P(\beta^*) + P(\hat{\beta}) - P(\beta^*)) \quad (\because 補題 5.3.4)
\end{aligned}
$$

です[*4]．これと，式 (5.8) より

$$
\begin{aligned}
&\frac{\eta}{2}\|\beta^* - \beta_k\|^2 + P(\beta_k) - P(\beta^*)\\
&\leq \frac{\eta}{2}\|\beta^* - \beta_{k-1}\|^2 + \frac{4\gamma}{\eta}(P(\beta_{k-1}) - P(\beta^*) + P(\hat{\beta}) - P(\beta^*)).
\end{aligned}
$$

両辺 $k = 1, \ldots, m$ まで和をとりますと，

$$
\begin{aligned}
&\frac{\eta}{2}\|\beta^* - \beta_m\|^2 + \left(1 - \frac{4\gamma}{\eta}\right)\sum_{k=1}^{m-1}(P(\beta_k) - P(\beta^*)) + P(\beta_m) - P(\beta^*)\\
&\leq \frac{\eta}{2}\|\beta^* - \beta_0\|^2 + \frac{4\gamma}{\eta}(P(\beta_0) - P(\beta^*)) + \frac{4\gamma m}{\eta}(P(\hat{\beta}) - P(\beta^*)).
\end{aligned}
$$

[*4] ミニバッチ法の場合，ここの右辺を $\frac{4\gamma}{K}(P(\beta_{k-1}) - P(\beta^*) + P(\hat{\beta}) - P(\beta^*))$ とすることができます

ここで $\beta_0 = \hat{\beta}$ かつ，$\frac{1}{m}\sum_{k=1}^{m} P(\beta_k) \geq P(\frac{1}{m}\sum_{k=1}^{m}\beta_k)$ を用いますと，

$$\frac{\eta}{2m}\|\beta^* - \beta_m\|^2 + \left(1 - \frac{4\gamma}{\eta}\right)\left(P\left(\frac{1}{m}\sum_{k=1}^{m}\beta_k\right) - P(\beta^*)\right)$$

$$\leq \frac{\eta}{2m}\|\hat{\beta} - \beta^*\|^2 + \frac{4\gamma(1+m)}{m\eta}(P(\hat{\beta}) - P(\beta^*)).$$

さらに P の強凸性より $\|\hat{\beta} - \beta^*\|^2 \leq \frac{2}{\alpha}(P(\hat{\beta}) - P(\beta^*))$ なので，右辺は

$$\left(\frac{\eta}{m\alpha} + \frac{4\gamma(1+m)}{m\eta}\right)(P(\hat{\beta}) - P(\beta^*))$$

で上から抑えられます．よって示されました． $\qquad\square$

5.4 確率的平均勾配法

ここでは確率的平均勾配降下法 (SAG) を紹介します [18,32]．この手法も SVRG と同様に主問題で最適化する方法です．SAG では次のような目的関数を考えます：

$$P(\beta) = \frac{1}{n}\sum_{i=1}^{n} f_i(\beta).$$

正則化学習法には $f_i(\beta) = \ell_i(\beta) + \psi(\beta)$ とすれば適用できます．しかし，SAG は f_i に滑らかさを仮定しますので，L_1 正則化のようなスパース正則化には用いることができません．

SAG の手順をアルゴリズム 5.3 に示します．

SAG は一見して各反復で $g_{i'}^{(t)}$ をすべての $i' = 1,\ldots,n$ で更新する必要があるように見えますが，実際は更新が必要な成分 i のみを変えるだけで済みます．また，β_t の更新で $\sum_{j=1}^{n} g_j^{(t)}$ が出てきますが (s_t とおきます)，これも毎回計算する必要はなく，$s_t = g_i^{(t)} - g_i^{(t-1)} + s_{t-1}$ なる更新式で計算できます．

SAG は SVRG と比べて二重ループを回す必要がない分，アルゴリズムが単純で実装がしやすい方法です．一方で，勾配を保存しておかなくてはい

アルゴリズム 5.3 確率的平均勾配降下法 (SAG)

$g_i^{(0)} = \mathbf{0}$ $(i = 1, \ldots, n)$ と初期化.
$t = 1, 2, \ldots, T$ で以下を実行.

1. $i \in \{1, \ldots, n\}$ を一様にサンプリング.
2. $g_{i'}^{(t)}$ $(i' = 1, \ldots, n)$ を以下のように更新:

$$g_{i'}^{(t)} = \begin{cases} \nabla f_i(\beta_{t-1}) & (i = i'), \\ g_{i'}^{(t-1)} & (\text{otherwise}). \end{cases}$$

3. β_t を次のように更新:

$$\beta_t = \beta_{t-1} - \frac{1}{n\eta} \sum_{j=1}^{n} g_j^{(t)}.$$

けないのでメモリ効率は SVRG より悪いという欠点があります. ただし, $f_i(\beta)$ がある凸関数 $\tilde{f}_i : \mathbb{R} \to \mathbb{R}$ を用いて $f_i(\beta) = \tilde{f}_i(x_i^\top \beta)$ と書けるとき, $\frac{\mathrm{d}\tilde{f}_i(u)}{\mathrm{d}u}\big|_{u=x_i^\top \beta_{t-1}} \in \mathbb{R}$ を記録しておけば $\nabla f_i(\beta_{t-1}) = x_i \frac{\mathrm{d}\tilde{f}_i(u)}{\mathrm{d}u}\big|_{u=x_i^\top \beta_{t-1}}$ で勾配が復元できます.

SAG の収束レートを述べる前に以下の条件を仮定します.

仮定 5.4.1

1. ある $\gamma > 0$ が存在して f_i は γ-平滑.
2. ある $\alpha \geq 0$ が存在して $P(\beta)$ は α-強凸 ($\alpha = 0$ も許します).

定理 5.4.2 (SAG の収束レート)

仮定 5.4.1 のもと,ステップサイズを $\frac{1}{\eta} = \frac{1}{16\gamma}$ とします.

$$C_0 = \frac{4\gamma}{n}\|\beta_0 - \beta^*\|^2 + P(\beta_0) - P(\beta^*) + \frac{\sum_{i=1}^n \|\nabla f_i(\beta^*)\|^2}{16\gamma n}$$

とすると,SAG は次のように収束します.

- $\alpha = 0$ のとき: $\bar{\beta}_T = \frac{1}{T}\sum_{t=1}^T \beta_t$ に対し,

$$\mathrm{E}[P(\bar{\beta}_T) - P(\beta^*)] \leq \frac{32n}{T}C_0.$$

- $\alpha > 0$ のとき:

$$\mathrm{E}[\|\beta_T - \beta^*\|^2] \leq \left(1 - \min\left\{\frac{1}{8n}, \frac{\alpha}{16\gamma}\right\}\right)^T C_0.$$

証明は論文 [18, 32] を参照ください.

上の定理より SAG は強凸でなくてもステップ幅を変えずに適応的に収束することがわかります.すなわち,同じステップ幅で,$\alpha = 0$ ならば $O(n/T)$ の収束レートを達成し,$\alpha > 0$ なら指数的な収束を達成します.また,容易にわかるように $\alpha > 0$ の場合,

$$T \leq O\left(\max\left\{n, \frac{\gamma}{\alpha}\right\}\log(n/\epsilon)\right) \leq O\left(\left(n + \frac{\gamma}{\alpha}\right)\log(n/\epsilon)\right)$$

なる更新回数で $\mathrm{E}[\|\beta_T - \beta^*\|^2] \leq \epsilon$ を達成します.

SAG は滑らかでない正則化が扱えない点が欠点でした.次に紹介する SAGA という方法は,この点を改良した方法です [4].SAGA は次のような

目的関数を最小化する方法です:

$$P(\beta) = \frac{1}{n} \sum_{i=1}^{n} f_i(\beta) + \psi(\beta).$$

SAGA は，より SVRG に似た構造を持っています．実際，$\psi = 0$ のとき，SAGA と SVRG の更新は次のように対比できます:

$$\text{(SAGA)} \qquad \beta_t = \beta_{t-1} + \frac{1}{\eta} \left[g_i^{(t)} - g_i^{(t-1)} + \frac{1}{n} \sum_{j=1}^{n} g_j^{(t-1)} \right],$$

$$\text{(SVRG)} \qquad \beta_t = \beta_{t-1} + \frac{1}{\eta} \left[g_i^{(t)} - g_i^{(t-1)} + \frac{1}{n} \sum_{j=1}^{n} \nabla f_j(\hat{\beta}) \right].$$

どちらの方法にもそれぞれ勾配の不偏推定量を用いつつ，分散を減少させる構造があります．ただ，ある時点で同期させて求めた $\hat{\beta}$ における勾配を用い

アルゴリズム 5.4 改良型確率的平均勾配降下法 (SAGA)

$g_i^{(0)} = \mathbf{0} \ (i = 1, \ldots, n)$ と初期化.
$t = 1, 2, \ldots, T$ で以下を実行.

1. $i \in \{1, \ldots, n\}$ を一様にサンプリング.
2. $g_{i'}^{(t)} \ (i' = 1, \ldots, n)$ を以下のように更新:

$$g_{i'}^{(t)} = \begin{cases} \nabla f_i(\beta_{t-1}) & (i = i'), \\ g_{i'}^{(t-1)} & (\text{otherwise}). \end{cases}$$

3. β_t を次のように更新:

$$v_t = g_i^{(t)} - g_i^{(t-1)} + \frac{1}{n} \sum_{j=1}^{n} g_j^{(t-1)},$$

$$\beta_t = \text{prox}_{\psi/\eta}(\beta_{t-1} - v_t/\eta).$$

て分散を減少させるのか，非同期的に更新される勾配の平均を用いて分散を減少させるかの違いがあります．

さて，SAGA の収束レートを示す前に以下の仮定をおきます．

仮定 5.4.3

1. ある $\gamma > 0$ と $\alpha \geq 0$ が存在して，各 f_i $(i = 1, \ldots, n)$ は γ-平滑かつ α-強凸（$\alpha = 0$ も許します）．

この仮定は SAG の仮定と比べて，強凸性の条件が，「各 f_i が強凸」という強い条件に置き換わっています．これは非常に強い条件ですが，正則化項 $\psi(\beta)$ が $\psi(\beta) = \frac{\alpha}{2}\|\beta\|^2 + \tilde{\psi}(\beta)$ と分解できる場合（$\tilde{\psi}(\beta)$ は凸関数），$f_i(\beta) = \ell_i(\beta) + \frac{\alpha}{2}\|\beta\|^2$ とすれば f_i の強凸性が保証されます．

定理 5.4.4（SAGA の収束レート）

仮定 5.4.3 のもと，$\eta = 3\gamma$ とすれば，

- $\alpha = 0$ のとき：$\bar{\beta}_T = \frac{1}{T}\sum_{t=1}^{T} \beta_t$ に対し，

$$\mathrm{E}[P(\bar{\beta}_T) - P(\beta^*)] \leq \frac{4n}{T}\left[\frac{2\gamma}{n}\|\beta_0 - \beta^*\|^2 + P(\beta_0) - P(\beta^*)\right].$$

- $\alpha > 0$ のとき：

$$\mathrm{E}[\|\beta_T - \beta^*\|^2]$$
$$\leq \left(1 - \min\left\{\frac{1}{4n}, \frac{\alpha}{3\gamma}\right\}\right)^T \left[\|\beta_0 - \beta^*\|^2 + \frac{2n}{3\gamma}[P(\beta_0) - P(\beta^*)]\right].$$

証明は論文 [4] を参照ください．上の定理より SAGA もまた SAG と同様の性質を保持していることがわかります．

Chapter **6**

分散環境での確率的最適化

この章では並列分散計算による確率的最適化手法を紹介します.

並列計算と確率的最適化は比較的相性がよく，これまで紹介してきた方法を修正することで並列計算が可能になります．ここでは，さまざまな状況に対応する手法を列挙します．各種手法の概要は以下のとおりです．

単純平均 (6.1.1 項) SGD の結果を単純に平均する方法です．同期が 1 回で済みますが，目的関数の強凸性が必要です．

ミニバッチ法 (6.1.2 項) 各更新で勾配を並列に計算して平均をとる方法です．頻繁に同期する必要があります．

非同期型分散 SGD, Hogwild! (6.1.3 項) ある程度同期がずれても構わない方法です．大規模スパースな問題に向いています．

確率的座標降下法 (6.2 節) 確率的座標降下法の並列化手法です．

- 主：主問題でランダムに選んだ座標を並列に更新する方法です．
- 双対：分割したサンプルで並列にある程度最適化し，それらの結果を統合する操作を双対問題で繰り返す手法です．

なお，前半の 3 手法はオンライン型確率的最適化の並列分散版手法で，4 つ目の確率的座標降下法に関する方法はバッチ型確率的最適化の並列分散版です．

6.1 オンライン型確率的最適化の分散処理

6.1.1 単純平均

最も単純な並列計算の手法は，複数のノードで確率的最適化を走らせ，最後にそれらの結果を平均する方法です[42,43]．なお，この方法がうまくいくためには期待誤差の関数が強凸である必要があります．

ここでは確率的勾配降下法を並列に走らせ，最後に結果を平均する方法について議論します．簡単のために正則化項なし ($\psi = 0$) の場合を考えます．ただし，ある損失関数 $\tilde{\ell}_t$ と正則化項 ψ を用いて $\ell_t(\beta) = \tilde{\ell}_t(\beta) + \psi(\beta)$ とすれば正則化項ありでも以下の枠組みがあてはめられます．

アルゴリズム 6.1 並列化 SGD

$i = 1, \ldots, K$ で以下を並列に実行:

1. $\beta_{i,0} = \mathbf{0} \in \mathbb{R}^p$ と初期化．
2. 時刻 $t = 1, 2, \ldots, T$ で以下を実行:

    (a) $g_{i,t} \in \partial \ell_t(\beta_{i,t-1})$ を計算．
    (b) $\beta_{i,t}$ を次のようにして更新:

$$\beta_{i,t} = \operatorname*{argmin}_{\beta \in \mathcal{B}} \left\{ \langle g_t, \beta \rangle + \frac{\eta_t}{2} \|\beta - \beta_{i,t-1}\|^2 \right\}$$
$$= \Pi_{\mathcal{B}} \left(\beta_{i,t-1} - \frac{1}{\eta_t} g_t \right). \tag{6.1}$$

$\hat{\beta} = \frac{1}{K} \sum_{i=1}^{K} \beta_{i,T}$ を出力．

この手法は最後に平均をとる以外に計算機間で通信をする必要がない分，通信に関するコストが非常に低い方法です．収束の速度を議論するため，以下の仮定を置きます．

6.1 オンライン型確率的最適化の分散処理   123

仮定 6.1.1

1. パラメータ空間 $\mathcal{B} \subseteq \mathbb{R}^p$ はコンパクトな凸集合で，真のパラメータ $\beta^* = \mathrm{argmin}_{\beta \in \mathcal{B}} L(\beta)$ は $\mathcal{B}$ の内点に存在し，$R = \max_{\beta \in \mathcal{B}} \|\beta - \beta^*\|$ とします．

2. $L(\beta)$ は 2 回微分可能な強凸関数: $\exists \lambda > 0$ で $\nabla^2 L(\beta) \succeq \lambda \mathrm{I}$ $(\forall \beta \in \mathcal{B})$.

3. ある $\rho > 0$ に対し，ある関数 $\tilde{Q} : \mathcal{Z} \to \mathbb{R}$ が存在して，

$$\|\nabla^2 \ell(z, \beta) - \nabla^2 \ell(z, \beta^*)\|_2 \leq \tilde{Q}(z)\|\beta - \beta^*\|$$
$$(\forall z \in \mathcal{Z},\ \forall \beta \in \mathcal{B} \ \text{s.t.} \ \|\beta - \beta^*\| \leq \rho),$$

かつ，ある $Q > 0$ が存在して $\mathrm{E}[\tilde{Q}^2(z)] \leq Q^2 < \infty$.

4. ある $G, H > 0$ が存在して，

$$\mathrm{E}_Z[\|\nabla \ell(Z, \beta)\|^4] \leq G^4, \quad \mathrm{E}_Z[\|\nabla^2 \ell(Z, \beta)\|_2^4] \leq H^4, \quad (\forall \beta \in \mathcal{B}).$$

上の仮定において大事なのは 2 つ目の仮定です．強凸性のために，複数の SGD の結果の平均をとることで期待誤差を小さくさせることができます．それ以降の仮定は損失関数が十分滑らかであることの条件です．このとき，次の定理が成り立ちます [42].

定理 6.1.2

仮定 6.1.1 のもと，ステップ幅をある $c_0 > 1$ を用いて $\eta_t = \lambda t / c_0$ とすると，

$$\mathrm{E}[\|\hat{\beta} - \beta^*\|^2] \leq \frac{\alpha G^2}{\lambda^2 KT} + \frac{b^3}{T^{3/2}},$$

ただし

$$\alpha = 4c_0^2,$$
$$b = \max\left\{ \left\lceil \frac{c_0 H}{\lambda} \right\rceil, \frac{c_0 \alpha^{3/4} G^{3/2}}{(c_0 - 1)\lambda^{5/2}} \left(\frac{\alpha^{1/4} Q G^{1/2}}{\lambda^{1/2}} + \frac{4G + HR}{\rho^{3/2}} \right) \right\}.$$

証明は論文 [42] を参照ください．右辺の第1項は $O(\frac{G^2}{\lambda^2(KT)})$ ですが，これ
は強凸期待誤差における確率的勾配降下法の収束レート（定理 4.3.4）と一致
することに注意してください．実際，$\mathrm{E}[\|\beta_t - \beta^*\|^2] \leq \frac{2}{\lambda}\mathrm{E}[L(\beta_t) - L(\beta^*)] \leq$
$O(\frac{G^2}{\lambda^2 t})$ なので，$t = KT$ とすれば確認できます．

定理より，汎化誤差が強凸で損失関数が十分滑らかであれば，単純な平均
をとることで精度の向上が図れます．特に，$K < \sqrt{T}$ なら，KT サンプル用
いた普通の確率的勾配降下法と同程度の精度を出すことができます．KT 個
のサンプルを K 個の計算ノードで並列処理しているので，並列化によって
K 倍の高速化が実現できるわけです．直感的には，独立な SGD を複数走ら
せることで，十分大きな T では $\{\beta_{i,T}\}_{i=1}^{T}$ は漸近正規性から β^* の周りで独
立な正規分布 (に近い分布) に従って分布することになります．独立な確率
変数の平均はその期待値の推定量になりますので，それらの平均をとること
で β^* をよりよく推定できるということです．

ただし，この方法は期待損失の強凸性に強く依存しています．もし強凸性
のパラメータ λ が非常に小さい場合，右辺の b が無視できない大きさになり
ます．実際，損失関数が $\ell_t(\beta) = \tilde{\ell}_t(\beta) + \psi(\beta)$ と書けて，$\psi(\beta) = \lambda\|\beta\|^2$ の
ような状況を考えますと，$\mathrm{E}_Z[\tilde{\ell}_t]$ が強凸でなければ正則化パラメータ λ がそ
のまま強凸パラメータになります．汎化誤差を最小化するような最適な正則
化パラメータは多くの場合データ数に応じて小さくしてゆきます．そのよう
な状況で，特に $\lambda \in (0, 1/\sqrt{T})$ なら，ある定数 C が存在して

$$\mathrm{E}[\|\hat{\beta} - \beta^*\|^2] \geq \frac{C}{\lambda^2 T}$$

となることが知られています [34]．この場合，単純平均化を使う限り並列化
による高速化はあまり効果が期待できません．

6.1.2 同期型・ミニバッチ法

単純に平均を1回とるだけでなく，計算機ノード間で適宜通信を行うこと
でよりよい精度を出せることがあります．その中でも，基本的な方法として
ミニバッチ法を紹介します [5]．

ミニバッチ法は1回の更新で1つのサンプルではなく，複数のサンプル
をとってきて更新を行う方法です．すでにバッチ型確率的最適化の章（第5

章）で SDCA や SVRG がミニバッチ法を用いることで収束を高速化できることを見てきましたが，更新の際にミニバッチの各サンプルごとに計算を並列化することが可能です．つまり複数サンプル用いて更新をしても，計算量としては 1 サンプルを用いた更新と同程度で済み，かつ速い収束が実現できます．勾配を用いた確率的最適化のミニバッチ法は以下のように書けます．

今，ある確率的最適化手法を $A(g, a)$ と書き，$g \in \mathbb{R}^p$ は現時点で観測したサンプルにおける損失関数の勾配を表し，a をこれまでの更新履歴などの補助情報とします．更新式を $(\beta_t, a_t) = A(g_t, a_{t-1})$ と表しましょう（ただし $g_t \in \partial \ell_t(\beta_{t-1})$）．このとき，共有メモリを用いたミニバッチ法による並列化は次のようにして実現できます．

アルゴリズム 6.2 勾配法のミニバッチ並列化

$\beta_0 = \mathbf{0} \in \mathbb{R}^p$ と初期化.
$t = 1, \dots, T$ で以下を実行:

1. $i = 1, \dots, K$ で並列に以下を実行:

    (a) $z_{t,i} \sim P(Z)$ を観測.
    (b) $g_{t,i} \in \partial_\beta \ell(z_{t,i}, \beta_{t-1})$ を計算.

2. $\bar{g}_t = \frac{1}{K} \sum_{i=1}^{K} g_{t,i}$ を計算.
3. $(\beta_t, a_t) = A(\bar{g}_t, a_{t-1})$ として更新.

勾配を用いた確率的最適化は勾配の不偏推定量を用いて更新を行いますが，1 回の更新に少数のサンプルを用いて不偏推定量を作るので，普通の勾配法と比べて分散が生じてしまいます．この分散が大きいほど，収束が遅くなるわけですが，ミニバッチ法で複数サンプル用いて勾配を平均することで分散を減少させることができます．そうすることによって収束が速くなることが期待されます．実際，SVRG では分散を縮小することで収束を速くさせることができました．

126　Chapter 6　分散環境での確率的最適化

　収束レートについてより理論的に議論しましょう．今，確率的最適化手法 A の期待誤差が，勾配の分散 σ^2 $(\mathrm{E}[\|g_t - \mathrm{E}[g_t]\|^2] \leq \sigma^2)$ と更新回数 T で $\Psi(\sigma^2, T)$ で書けるとします．たとえば，ネステロフの加速法を用いた確率的勾配降下法では

$$\Psi(\sigma^2, T) = C\left(\frac{\sigma D}{\sqrt{T}} + \frac{D^2 \gamma}{T^2}\right) \tag{6.2}$$

と書けました．ただし γ は $L(\beta)$ の平滑さで，D は $\mathrm{E}_{z_{1:t}}[\|\beta_t - \beta^*\|^2] \leq D^2$ なる量です (4.3.6 項，定理 4.3.12 を参照)．このとき，次の性質が成り立ちます．

定理 6.1.3

　勾配を用いた確率的最適化手法 A の収束はミニバッチ法のもと，次の収束レートを達成します：

$$\mathrm{E}_{z_{1:T}}[L_\psi(\beta_T)] - L_\psi(\beta^*) \leq \Psi\left(\frac{\sigma^2}{K}, T\right).$$

証明. $\bar{g}_t$ は K 個の勾配 $\{g_{t,i}\}_{i=1}^{K}$ の i.i.d. 平均なので，$g_{t,i}$ の分散 $\mathrm{Var}(g_{t,i}) = \mathrm{E}[\|g_{t,i} - \mathrm{E}[g_{t,i}]\|^2]$ が σ^2 以下なら，$\mathrm{Var}(\bar{g}_t) \leq \sigma^2/K$ となります．よって Ψ の定義より題意を得ます．　　　　　　　　　　　　　　　　　　□

　Ψ が式 (6.2) の形をしている場合を考えてみましょう．並列化したものと各更新で 1 つのサンプルを用いる通常の方法で同じサンプル数 $\tilde{T}$ を使った場合，並列化した方法は $T = \frac{\tilde{T}}{K}$ 回の更新，通常の方法で $T = \tilde{T}$ 回の更新が必要です (簡単のため $\tilde{T}$ は K で割り切れるとします)．すると，並列化した方法では

$$\mathrm{E}_{z_{1:\tilde{T}}}[L_\psi(\beta_T)] - L_\psi(\beta^*) \leq \Psi\left(\frac{\sigma^2}{K}, \frac{\tilde{T}}{K}\right) = C\left(\frac{\sigma D}{\sqrt{\tilde{T}}} + \frac{D^2 \gamma K^2}{\tilde{T}^2}\right),$$

通常の方法では

$$\mathrm{E}_{z_{1:\tilde{T}}}[L_\psi(\beta_{\tilde{T}})] - L_\psi(\beta^*) \leq \Psi\left(\sigma^2, \tilde{T}\right) = C\left(\frac{\sigma D}{\sqrt{\tilde{T}}} + \frac{D^2 \gamma}{\tilde{T}^2}\right),$$

となります．よって，並列化することで主要項を変えずに，K 倍の高速化を

達成することができます．ただし，並列化にも限界があり，計算ノード K を増やしすぎますと第 2 項が支配的になりそれ以上計算ノードを増やしてもかえって精度を悪くさせてしまいます．また，この方法では 1 回の更新ごとに同期をとるので，通信コストの高い環境には向いていません．より詳しい議論は [5] を参照ください．

6.1.3 非同期型分散 SGD: Hogwild!

ミニバッチ法は 1 回の更新ごとに同期を取る必要がありましたが，非同期の分散処理方法も提案されています．ここで紹介する **Hogwild!** という方法は SGD を非同期分散処理で実行する方法です [28]．

Hogwild! がどのような状況で有用かを説明しましょう．Hogwild! は次のような目的関数を扱います:

$$f(\beta) = \sum_{e \in E} f_e(\beta_e)$$

ここで，$\beta \in \mathbb{R}^p$ で e は $\{1, \ldots, p\}$ の部分集合，β_e は β の e で指定されたインデックス集合に制限した部分ベクトルです．機械学習には，非常にスパースな構造をそれ自身が持つ問題が多く現れます．たとえば，特徴ベクトル $x \in \mathbb{R}^p$ のほとんどの成分が 0 である状況や，大規模疎グラフ上での学習などが挙げられます．

スパースな特徴ベクトル: n 個の特徴ベクトルとラベルの組 $\{(x_1, y_1), \ldots, (x_n, y_n)\}$ が得られているとして，そのリッジ正則化学習問題は

$$\min_{\beta} \quad \sum_{i=1}^{n} \ell(y_i, x_i^\top \beta) + \lambda \|\beta\|^2$$

と書けます．ここで，各 x_i はスパースで，各座標の非ゼロ成分の数を $d_j = \sum_{i=1}^{n} \mathbf{1}[x_{i,j} \neq 0]$ とします．また e_i を x_i の非ゼロ成分，すなわち $e_i = \{j \in \{1, \ldots, p\} \mid x_{i,j} \neq 0\}$ とします．すると，上の問題は次のように書き換えられます:

$$\min_{\beta \in \mathbb{R}^p} \quad \sum_{i=1}^{n} \left[\ell(y_i, x_{i,e_i}^\top \beta_{e_i}) + \lambda \sum_{j \in e_i} \frac{\beta_j^2}{d_j} \right].$$

$E = \{e_1, \ldots, e_n\}$ とすれば Hogwild!の扱える問題設定であることがわかります. 各 i ごとに β が関係するのはその成分 e_i のみですので, その局所的な性質を利用して並列分散計算が可能になります.

ラベル伝播法 (半教師あり学習): グラフ $G = (V, E)$ が与えられているとします. このグラフは辺が少ない疎なグラフであるとします. **ラベル伝播法 (label propagation)** では, いくつかの頂点の上にラベルがあらかじめ与えられており, それをグラフ上で伝搬させる学習方法です. $\tilde{V} \subseteq V$ を V の部分集合とし, その上にラベル $y_v \in \mathbb{R}$ $(v \in \tilde{V})$ が与えられているとします. また各 $v \in \tilde{V}$ につながっている辺の数を d_v とします. ラベル伝播法では以下の最適化問題を解きます:

$$\min_{\beta \in \mathbb{R}^{|V|}} \sum_{(u,v) \in E} \Big\{ w_{u,v} \|\beta_u - \beta_v\|^2 +$$

$$\lambda \big(\frac{1}{d_u} \mathbf{1}[u \in \tilde{V}] \|\beta_u - y_u\|^2 + \frac{1}{d_v} \mathbf{1}[v \in \tilde{V}] \|\beta_v - y_v\|^2 \big) \Big\},$$

ここで $w_{u,v}$ は辺の重みです. 通常, $w_{u,v}$ は頂点間の類似度に反比例するように設定します. グラフが疎ならば, この問題も局所性を利用して, 問題を分割した並列分散計算が可能になります

Hogwild!では計算ノードが K 個あるとして, それらはメモリを共有しているとします. そのアルゴリズムをアルゴリズム 6.3 に示します.

アルゴリズム 6.3 Hogwild!

$\beta = \beta_0 \in \mathbb{R}^p$ と初期化.
各計算ノード $k = 1, \ldots, K$ で以下を並列に実行:

  1. $e \in E$ を一様にサンプリング.
  2. 現在の β_e を読み込み, $g_e \in \partial f_e(\beta_e)$ を計算.
  3. $\beta_e \leftarrow \beta_e - \eta g_e$ と更新.

Hogwild!の特徴的な点は, β の読み込みと書き込みに同期をとらず, 各

ノードがそれぞれのタイミングで非同期的に更新を行うことを許している点です．しかし，当然ながら β_e を読み込んで更新するまでの間にほかのノードが β を書き換えているかもしれません．実はこのような遅延による読み込みと書き込みの不一致が起きても，あまり遅延が大きくなければ目的関数を最小化できることが示せます．この遅延の時間を τ とします．すなわち，読み込みと書き込みの間にたかだか τ 回しか β の上書きがされていないとします．

Hogwild!の収束に関する理論を述べるために，いくつかの定義をします．

$$\Omega = \max_{e \in E} |e|, \quad \Delta = \frac{\max_{1 \le j \le p} |\{e \in E \mid j \in e\}|}{|E|},$$

$$\rho = \frac{\max_{e \in E} \{e' \in E \mid e \cap e' \ne \emptyset\}}{|E|}.$$

Ω は各部分問題の大きさ，Δ は各成分 j をどれだけの部分集合 e が共有しているかの大きさを表し，ρ は各部分集合 e が互いにどれだけ重複しているかを表しています．e で定義される部分問題が，それぞれ互いにあまり重複していなければそれだけ問題を分割しやすく，並列化の効果が現れるため，これらの量が意味を持ちます．

仮定 6.1.4

1. f は γ-平滑.
2. f は α-強凸.
3. f はリプシッツ連続: $\|g_e\| \le G$ $(\forall g_e \in \partial f_e(\beta_e), \ \forall \beta, \ \forall e \in E)$.

130　Chapter 6　分散環境での確率的最適化

定理 6.1.5

仮定 6.1.4 が満たされていて，更新の遅延が τ 以内に収まっているとします．今，ある $\epsilon > 0$ に対し，ある $\theta \in (0,1)$ を用いて，ステップサイズを

$$\eta = \frac{\theta\epsilon\alpha}{2\gamma G^2\Omega(1 + 6\rho\tau + 4\tau^2\Omega\Delta^{1/2})}$$

とします．すると，更新回数 t が

$$t \geq \frac{2\gamma G^2\Omega(1 + 6\rho\tau + 6\tau^2\Omega\Delta^{1/2})\log(\gamma\|\beta^* - \beta_0\|^2/\epsilon)}{\alpha^2\theta\epsilon}$$

であれば，t 回の更新後の β (β_t とします) は

$$\mathrm{E}[f(\beta_t) - f(\beta^*)] \leq \epsilon$$

を満たします．

証明は論文 [28] を参照ください．ここで，ρ, Ω, Δ が十分小さいとすると，$\tau\rho$ や $\tau^2\Omega\Delta^{1/2}$ を定数とみなせます．すると，

$$t \geq C\frac{\gamma G^2}{\epsilon\alpha^2}\log(1/\epsilon)$$

で ϵ の精度が出ます．つまり，十分問題がスパースであれば遅延 τ による影響は少なく，t 個のサンプルを K 個のノードで並列処理することで，log オーダーを除いて $\epsilon = O(\frac{\gamma G^2}{t\alpha^2})$ なる精度が出ます．強凸期待誤差の SGD が $O(\frac{G^2}{t\alpha^2})$ であったことを思い出しますと，同じ収束レートを達成することになります．よって，並列計算をしている分オーダーとして約 K 倍の高速化が達成されることになります．

上の定理ではステップサイズが固定でしたが，以下のようにステップサイズを減少させてゆけば，ϵ を任意の大きさに減少させることができます．ここで，

$$B = \frac{2\gamma G^2\Omega(1 + 6\rho\tau + 4\tau^2\Omega\Delta^{1/2})}{\alpha}$$

とおきましょう．そこで，更新をエポックに区切り，j 回目のエポック（$j =$

$0, \ldots, J$）で t_j 回更新し，ステップサイズを変更してから，また次のエポックで t_{j+1} 回更新する，という更新方法を考えます．すると，次のように収束が示せます.

系 6.1.6

$\delta \in (0,1)$ とします．各エポック $j = 0, \ldots, J$ でステップサイズを

$$\eta_j = \theta \delta^j / B$$

とし，t_j を次のように定めます:

$$t_j = \left\lfloor \frac{3B \log\left(2\gamma/(\alpha\delta)\right)}{2\alpha\theta\delta^j} \right\rfloor.$$

このとき，$T = \sum_{j=0}^{J} t_j$ 回更新すれば，

$$\mathrm{E}[f(\beta_T) - f(\beta^*)] \leq \frac{3B}{2T\alpha\theta(1-\delta)} \log\left(\frac{2\gamma}{\alpha\delta}\right)$$

となります.

証明. エポック j を終了した時点での β を $\beta^{(j)}$，その期待誤差の上界 $a_j \geq \mathrm{E}[f(\beta^{(j)}) - f(\beta^*)]$ をとってきます．すると，定理 6.1.5 と強凸性より，a_j として，

$$a_j \leq \frac{3B}{2\alpha t_j} \mathrm{E}[\log(\gamma \|\beta^{(j-1)} - \beta^*\|^2 / a_j)]$$

$$\leq \frac{3B}{2\alpha t_j} \log(\gamma \mathrm{E}[\|\beta^{(j-1)} - \beta^*\|^2] / a_j)$$

$$\leq \frac{3B}{2\alpha t_j} \log(2\gamma a_{j-1}/(\alpha a_j))$$

を満たすようにとることができます．ただし，ステップサイズを $\eta_j = \theta a_j / B$ とします．特に，t_j の定義より，$a_j = \delta a_{j-1} = \delta^j$ とすることができます.

このとき，総更新回数 T は

$$T = \sum_{j=0}^{J} t_j \le \frac{3B \log\left(2\gamma/(\alpha\delta)\right)}{2\alpha\theta} \sum_{j=0}^{J} \delta^{-j} = \frac{3B \log\left(2\gamma/(\alpha\delta)\right)}{2\alpha\theta} \frac{\delta^{-J}/\delta - 1}{1/\delta - 1}$$

$$= \frac{3B \log\left(2\gamma/(\alpha\delta)\right)}{2\alpha\theta(1 - \delta)} (a_J^{-1} - \delta) \le \frac{3B \log\left(2\gamma/(\alpha\delta)\right)}{2\alpha\theta(1 - \delta)} a_J^{-1}.$$

で抑えられます．よって，示されました． □

　上の系より，ステップサイズを徐々に小さくしてゆくことで，$O(1/T)$ で期待誤差を小さくすることができます．なお，各エポックの更新回数を上の系で定めた更新回数より多くしても，系に示した上界より悪くなることはありません．

6.2　バッチ型確率的最適化の分散処理：確率的座標降下法

　これまではオンライン型の確率的最適化を主軸にして並列分散計算方法を紹介してきましたが，この節ではバッチ型確率的最適化における並列計算手法を紹介します．その中でも実装の簡単な座標降下法における並列計算手法を紹介します．ここでは，主問題を扱う方法と双対問題を扱う方法の2つを紹介します．

6.2.1　主問題における並列座標降下法

　まずは主問題で座標降下法を並列化する方法を紹介しましょう[29]．目的関数は正則化ありの学習問題です：

$$\min_{\beta} \quad \underbrace{\frac{1}{n} \sum_{i=1}^{n} \ell_i(\beta)}_{=:f(\beta)} + \psi(\beta) = \min_{\beta} P(\beta).$$

並列計算を実行するため，座標軸は K 個の座標のグループ $G_1, \ldots, G_K$ に分けられている ($\bigcup_{k=1}^{K} G_k = \{1, \ldots, p\}$, $G_k \cap G_{k'} = \emptyset$) とし，$K$ 個の計算ノードがそれぞれの座標成分を担当することを想定します．また，$\psi(\beta)$ は座標ごとに分離されているとします：

$$\psi(\beta) = \sum_{j=1}^{p} \psi_j(\beta_j).$$

G_k をさらに s 分割して $G_k = S_{k,1} \cup \cdots \cup S_{k,s}$ としておきます ($S_{k,i}$ は互いに素であるとします). アルゴリズムの更新で各計算ノードはこのうちの 1 つ $S_{k,i}$ をランダムに選択して, それに対応する成分を更新します.

アルゴリズムを記述するに際して, いくつかの仮定を置きます.

仮定 6.2.1

1. f は微分可能であり, かつある正定値対称行列 $M \in \mathbb{R}^{p \times p}$ が存在して,

$$f(\beta') \leq f(\beta) + \langle \nabla f(\beta), \beta' - \beta \rangle + \frac{1}{2}\|\beta' - \beta\|_M^2.$$

ただし, $\|x\|_Q := \sqrt{x^\top Q x}$ としています.

2. μ_f と μ_ψ をそれぞれ f と ψ の $\|\cdot\|_M$ に関する強凸性パラメータとします: $f(\beta) - \frac{\mu_f}{2}\|\beta\|_M^2$ および $\psi(\beta) - \frac{\mu_\psi}{2}\|\beta\|_M^2$ が凸関数. このとき, $\mu_f + \mu_\psi > 0$.

この条件は二乗損失 $\ell_i(\beta) = \frac{1}{2}(y_i - x_i^\top \beta)$ なら $M = XX^\top$ かつ $\mu_f = 1$ で成り立ちます (ただし $X = [x_1, \ldots, x_n]$). 1 つ目の条件は, ほかにもロジスティック損失などで成り立ちます. このとき, 確率的座標降下法の並列計算はアルゴリズム 6.4 のように与えられます.

$\beta_i^{(t)}$ の更新は, ψ_i に関する近接写像で与えられるので, 代表的な正則化項では効率的に計算できます. なお, 各計算ノードでの更新式は i ごとに並列にせず, β_{S_k} をいっぺんに更新しても構いません:

$$\beta_{S_k}^{(t)} = \underset{\beta_{S_k}}{\mathrm{argmin}}\{\beta_{S_k}^\top \nabla_{\beta_{S_k}} f(\beta^{(t-1)}) + \frac{Q\beta_{S_k}^\top M_{S_k, S_k}\beta_{S_k}}{2} + \sum_{i \in S_k} \psi_i(\beta_i)\},$$

この場合, ψ は各座標ごとに分離されていなくても各グループごとに分離さ

134   **Chapter 6** 分散環境での確率的最適化

アルゴリズム 6.4 並列確率的座標降下法 (主問題)

$\beta^{(0)} = \mathbf{0} \in \mathbb{R}^p$ と初期化する.
$t = 1, \ldots, T$ で以下を実行:

1. 各計算ノード $k = 1, \ldots, K$ で以下を並列に実行:

   (a) G_k の分割 $\{S_{k,1}, \ldots, S_{k,s}\}$ から S_k をランダムに選択.
   (b) 各 $i \in S_k$ で以下を並列に実行:
$$\beta_i^{(t)} = \underset{\beta_i}{\operatorname{argmin}} \{\beta_i \nabla_{\beta_i} f(\beta^{(t-1)}) + \frac{QM_{i,i}\beta_i^2}{2} + \psi_i(\beta_i)\}.$$
   (c) 残りの成分は $\beta_i^{(t)} = \beta_i^{(t-1)}$ とする.

れていれば大丈夫です. つまり $\psi(\beta) = \sum_{k=1}^{K} \psi_k(\beta_{G_k})$ と分離されれば, 少し
の修正で以下と同様の収束が示せます.

f の偏微分を計算する際に, すべてのサンプルを見る必要がありますが,
データが非常にスパースであれば, 偏微分に関わるサンプルや G_k 以外の特
徴量は少なく, 大きなメモリを確保したり, 重い通信をする必要がありませ
ん. ただし, データがスパースでない場合は偏微分の計算が重くなるため,
次の項 (6.2.2 項) で述べる双対座標降下法を用いるなどの工夫が必要です.

Q の設定について述べましょう. $\mathrm{Bdiag}(M)$ をその $G_k \times G_k$ $(k = 1, \ldots, K)$ 成分に M の $G_k \times G_k$ 成分が格納されているブロック対角行列
とします. また, $\mathrm{diag}(M)$ を M の対角成分だけ取り出した対角行列とし
ます. σ' を $\sigma' = \inf\{\tilde{\sigma} > 0 \mid \tilde{\sigma}\mathrm{diag}(M) \succeq \mathrm{Bdiag}(M)\}$ とし, σ を $\sigma = \inf\{\tilde{\sigma} > 0 \mid \tilde{\sigma}\mathrm{diag}(M) \succeq M\}$ とします. ここで,

$$Q \geq Q^* = \sigma'\left(1 - \frac{1}{s}\right) + \sigma\frac{1}{s} \tag{6.3}$$

となるように設定します. σ や σ' の計算が難しい場合は, $M = XX^\top$ なら
ば $\sigma \leq \max_{1 \leq i \leq n}\{|\{j \in \{1, \ldots, p\} \mid X_{j,i} \neq 0\}|\}$ と評価できることが知ら

れています [29]．同様のことが σ' にも成り立ちます．これら σ, σ' の上界を用いて Q を求めることもできます．この方法は X がスパースな場合に有用です．

定理 6.2.2

仮定 6.2.1 のもと，Q が式 (6.3) を満たしているなら，

$$P(\beta^{(T)}) - P(\beta^*) \le \exp\left(-\frac{1}{s}\frac{\mu_f + \mu_\psi}{Q + \mu_\psi}T\right)(P(\beta^{(0)}) - P(\beta^*)).$$

収束レートを SDCA (定理 5.2.4) と比べますと，exp の前にサンプルサイズや次元に関係する係数がかかっていないことがわかります．これは，f の偏微分の計算や σ の見積が双対座標降下法より難しい分，それらが簡単に計算できる場合はより速い収束が得られることを示唆しています．

証明は SDCA の収束レートの証明 (定理 5.2.4) とほぼ同じです．詳細は論文 [29] を参照ください．

6.2.2　双対問題における並列座標降下法: COCOA

次に，双対座標降下法（SDCA）における並列計算方法（**COCOA**（**Communication-Efficient Coordinate Ascent**））を紹介します [13]．5.2 節でも述べましたが，ミニバッチ法を用いれば SDCA も並列化が可能です．ミニバッチ法の場合，更新ごとに同期をとるため，通信のコストが無視できません．ここでは，より通信コストの小さな方法を紹介します．

問題設定は，ある凸関数 f_i を用いて $\ell_i(\beta) = f_i(x_i^\top \beta)$ と書ける場合を考え，

$$\min_{\beta \in \mathbb{R}^p} \quad \frac{1}{n}\sum_{i=1}^{n} f_i(x_i^\top \beta) + \psi(\beta) = \min_{\beta \in \mathbb{R}^p} P(\beta)$$

なる最適化を行います．5.2 節で述べたとおり，この問題の双対問題は

$$\min_{\alpha \in \mathbb{R}^n} \quad \frac{1}{n}\sum_{i=1}^{n} f_i^*(\alpha_i) + \psi^*(-A\alpha) = \min_{\alpha \in \mathbb{R}^n} D(\alpha)$$

です．ここで，$A = \frac{[x_1, \dots, x_n]}{n} \in \mathbb{R}^{p \times n}$ です．双対変数 α の各座標は各サンプルに対応していました．並列計算を実行するため，双対座標の集合を K 個

136 **Chapter 6** 分散環境での確率的最適化

のグループに分けます:

$$G_1, \dots, G_K \subseteq \{1, \dots, n\}, \quad \bigcup_{k=1}^{K} G_k = \{1, \dots, n\}.$$

K 個のグループに対応するように K 個の計算ノードを用意し，それぞれの
グループを担当させます．また，ベクトル $\alpha \in \mathbb{R}^n$ の部分ベクトル α_{G_k} を
$\alpha_{[k]}$ と書きます．A の G_k に対応する列ベクトルを集めた部分行列を $A_{[k]}$ と
書きます．さて，双対問題の小問題として

$$D_{[k]}(\Delta\alpha_{[k]}, \alpha_{[k]}, w) = \sum_{i \in G_k} f_i^*((\Delta\alpha_{[k]})_i + (\alpha_{[k]})_i) + n\psi^*(-w - A_{[k]}\Delta\alpha_{[k]})$$

を各計算ノードが $\Delta\alpha_{[k]}$ に関して最小化することで，全体最適化を実現する
方策を考えます．

　以上をもとに，双対問題での並列確率的座標降下法はアルゴリズム 6.5 の
ように与えられます．

アルゴリズム 6.5　並列確率的座標降下法: COCOA

$t = 1, \dots, T$ で以下を実行:

1. 各計算のノード $k = 1, \dots, K$ で以下を並列に実行:

   (a) $\mathrm{argmin}_{\Delta\alpha_{[k]}} D_{[k]}(\Delta\alpha_{[k]}, \alpha_{[k]}^{(t-1)}, w^{(t-1)})$ の（近似的な）解
   を $\Delta\alpha_{[k]}$ とする．
   (b) $\alpha_{[k]}^{(t)} = \alpha_{[k]}^{(t-1)} + \frac{1}{K}\Delta\alpha_{[k]}$ とする．

2. $w^{(t)} = \frac{1}{K}\sum_{k=1}^{K} A_{[k]}\alpha_{[k]}^{(t)} (= w^{(t-1)} + \frac{1}{K}\sum_{k=1}^{K} A_{[k]}\Delta\alpha_{[k]})$ とする．

　$D_{[k]}(\Delta\alpha_{[k]}, \alpha_{[k]}^{(t-1)}, w^{(t-1)})$ の最小化は，5.2 節で述べた確率的座標降下法
を適用できます．この方法にはステップサイズなどのパラメータ調整が必要
ないという利点があります．部分問題の相対的な目的関数値を $\epsilon_{D,k}(\alpha)$ と書

きます:

$$\epsilon_{D,k}(\alpha) = \max_{\Delta\alpha_{[k]}} \{D(\alpha_{[1]}, \ldots, \alpha_{[K]}) - D(\alpha_{[1]}, \ldots, \alpha_{[k]} + \Delta\alpha_{[k]}, \ldots, \alpha_{[K]})\}.$$

仮定 6.2.3

1. f_i は γ_f-平滑.
2. ψ は λ-強凸かつ γ_ψ-平滑. ただし, $\gamma_\psi = \infty$ も許します.
3. 部分問題の近似解 $\Delta\alpha_{[k]}$ は $\epsilon_{D,k}$ を $\Theta < 1$ ほど改善:

$$\mathrm{E}[\epsilon_{D,k}(\alpha_{[1]}^{(t-1)}, \ldots, \alpha_{[k]}^{(t-1)} + \Delta\alpha_{[k]}, \ldots, \alpha_{[K]}^{(t-1)})] \le \Theta\epsilon_{D,k}(\alpha^{(t-1)}).$$

以上の仮定のもと, 部分問題の「見分けやすさ」として σ を次のように定義します:

$$\sigma := \max_{\alpha \in \mathbb{R}^n} \frac{\sum_{k=1}^{K} \|A_{[k]}\alpha_{[k]}\|^2/\lambda - \|A\alpha\|^2/\gamma_\psi}{\|\alpha\|^2}.$$

すると, 以下の定理が成り立ちます.

定理 6.2.4

仮定 6.2.3 が成り立っているとします. すると, COCOA は次のような収束を達成します:

$$\mathrm{E}[D(\alpha^{(T)}) - D(\alpha^*)] \le \left(1 - (1-\Theta)\frac{1}{K}\frac{1}{n\sigma\gamma_f + 1}\right)^T (D(\alpha^{(0)}) - D(\alpha^*)).$$

5.2 節で述べましたとおり, 部分問題の最適化に SDCA を用いますと, 内部反復を $\tilde{T}$ 回行えば,

$$\Theta \le \exp\left(-\frac{\tilde{T}}{\tilde{n} + \frac{R^2\gamma_f}{\lambda}}\right)$$

とすることができます. ただし, $\tilde{n}$ は $|G_k| \simeq n/K$ です.

COCOA の収束レートと SDCA の収束レートを比べてみましょう. $\gamma_\psi = \infty$ で, $\|x\| \le R$ のときで考えてみます. $|G_k| = n/K$ (均等分割) とすると $\|A_{[k]}\alpha_{[k]}\|^2 = \frac{\|\sum_{i \in G_k} \alpha_i x_i\|^2}{n^2} \le \frac{R^2|G_k|\|\alpha_{[k]}\|^2}{n^2} = \frac{R^2(n/K)\|\alpha_{[k]}\|^2}{n^2}$ なので,

$\sigma \leq \frac{R^2(n/K)}{n^2\lambda}$ となります．よって，

$$\exp\left(-(1-\Theta)\frac{T}{\frac{R^2\gamma_f}{\lambda}+K}\right)$$

となるので，ちょうどサンプルサイズ K で SDCA を実行したときと類似した収束レートを得ます．これは，各計算ノードに割り当てられたデータを 1 つのサンプルと換算すれば自然な結果です．

証明．$\alpha^{(t)}$ の定義より，

$$D(\alpha^{(t)}) = D(\alpha^{(t-1)} + \frac{1}{K}\sum_{k=1}^{K}\Delta\alpha_{[k]}) \leq \frac{1}{K}\sum_{k=1}^{K}D(\alpha^{(t-1)} + \Delta\alpha_{[k]}).$$

よって，

$$D(\alpha^{(t)}) - D(\alpha^{(t-1)})$$
$$\leq \frac{1}{K}\sum_{k=1}^{K}[D(\alpha^{(t-1)} + \Delta\alpha_{[k]}) - D(\alpha^{(t-1)})]$$
$$\leq \frac{1}{K}\sum_{k=1}^{K}[D(\alpha^{(t-1)} + \Delta\alpha_{[k]}) - \min_{\Delta\tilde{\alpha}_{[k]}}D(\alpha^{(t-1)} + \Delta\tilde{\alpha}_{[k]})$$
$$+ \min_{\Delta\tilde{\alpha}_{[k]}}D(\alpha^{(t-1)} + \Delta\tilde{\alpha}_{[k]}) - D(\alpha^{(t-1)})]$$
$$= \frac{1}{K}\sum_{k=1}^{K}[\epsilon_{D,k}(\alpha_{[1]}^{(t-1)}, \ldots, \alpha_{[k]}^{(t-1)} + \Delta\alpha_{[k]}, \ldots, \alpha_{[K]}^{(t-1)})$$
$$- \epsilon_{D,k}(\alpha^{(t-1)})].$$

よって，両辺部分問題の解の出方について期待値をとると

$$\mathrm{E}[D(\alpha^{(t)}) - D(\alpha^{(t-1)})] \leq \frac{1}{K}(\Theta - 1)\sum_{k=1}^{K}\epsilon_{D,k}(\alpha^{(t-1)})$$

となります．さらに右辺は次のように評価できます：

$$\sum_{k=1}^{K} \epsilon_{D,k}(\alpha^{(t-1)})$$

$$= \max_{\tilde{\alpha} \in \mathbb{R}^n} \sum_{k=1}^{K} \{ D(\alpha_{[1]}^{(t-1)}, \ldots, \alpha_{[k]}^{(t-1)}, \ldots, \alpha_{[K]}^{(t-1)})$$

$$- D(\alpha_{[1]}^{(t-1)}, \ldots, \tilde{\alpha}_{[k]}, \ldots, \alpha_{[K]}^{(t-1)}) \}$$

$$= \max_{\tilde{\alpha} \in \mathbb{R}^n} \Big\{ \frac{1}{n} \sum_{i=1}^{n} (f_i^*(\alpha_i^{(t-1)}) - f_i^*(\tilde{\alpha}_i))$$

$$+ \sum_{k=1}^{K} [\psi^*(-A\alpha^{(t-1)}) - \psi^*(-A\alpha^{(t-1)} - A_{[k]}(\tilde{\alpha}_{[k]} - \alpha_{[k]}^{(t-1)}))] \Big\}$$

$$= \max_{\tilde{\alpha} \in \mathbb{R}^n} \{ D(\alpha^{(t-1)}) - D(\tilde{\alpha}) - \psi^*(-A\alpha^{(t-1)}) + \psi^*(-A\tilde{\alpha})$$

$$+ \sum_{k=1}^{K} [\psi^*(-A\alpha^{(t-1)}) - \psi^*(-A\alpha^{(t-1)} - A_{[k]}(\tilde{\alpha}_{[k]} - \alpha_{[k]}^{(t-1)}))] \}. \quad (6.4)$$

ここで，ψ^* の $1/\gamma_\psi$-強凸性と $1/\lambda$-平滑性を用いると

$$- \psi^*(-A\alpha^{(t-1)}) + \psi^*(-A\tilde{\alpha})$$

$$\geq \langle \nabla \psi^*(-A\alpha^{(t-1)}), -A(\tilde{\alpha} - \alpha^{(t-1)}) \rangle + \frac{1}{2\gamma_\psi} \|A(\tilde{\alpha} - \alpha^{(t-1)})\|^2,$$

かつ

$$\psi^*(-A\alpha^{(t-1)}) - \psi^*(-A\alpha^{(t-1)} - A_{[k]}(\tilde{\alpha}_{[k]} - \alpha_{[k]}^{(t-1)}))$$

$$\geq \langle \nabla \psi^*(-A\alpha^{(t-1)}), A_{[k]}(\tilde{\alpha}_{[k]} - \alpha_{[k]}^{(t-1)}) \rangle - \frac{1}{2\lambda} \|A_{[k]}(\tilde{\alpha}_{[k]} - \alpha_{[k]}^{(t-1)})\|^2$$

です．よって，式 (6.4) の右辺は

$$\max_{\tilde{\alpha} \in \mathbb{R}^n} \Big\{ D(\alpha^{(t-1)}) - D(\tilde{\alpha}) + \frac{1}{2\gamma_\psi} \|A(\tilde{\alpha} - \alpha^{(t-1)})\|^2 -$$

$$\frac{1}{2\lambda} \sum_{k=1}^{K} \|A_{[k]}(\tilde{\alpha}_{[k]} - \alpha_{[k]}^{(t-1)})\|^2 \Big\}$$

で下から抑えられます．さらに σ の定義より，これは

$$\max_{\tilde{\alpha} \in \mathbb{R}^n} \{D(\alpha^{(t-1)}) - D(\tilde{\alpha}) - \frac{\sigma}{2}\|\tilde{\alpha} - \alpha^{(t-1)}\|^2\}$$

で下から抑えられます. よって,

$$\sum_{k=1}^{K} \epsilon_{D,k}(\alpha^{(t-1)})$$

$$\geq \max_{\tilde{\alpha} \in \mathbb{R}^n} \{D(\alpha^{(t-1)}) - D(\tilde{\alpha}) - \frac{\sigma}{2}\|\tilde{\alpha} - \alpha^{(t-1)}\|^2\}$$

$$\geq \max_{s \in [0,1]} \{D(\alpha^{(t-1)}) - D(s\alpha^* + (1-s)\alpha^{(t-1)})$$

$$- \frac{\sigma s^2}{2}\|\alpha^* - \alpha^{(t-1)}\|^2\}$$

$$\geq \max_{s \in [0,1]} \{sD(\alpha^{(t-1)}) - sD(\alpha^*) + \frac{s(1-s)}{2n\gamma_f}\|\alpha^* - \alpha^{(t-1)}\|^2$$

$$- \frac{\sigma s^2}{2}\|\alpha^* - \alpha^{(t-1)}\|^2\}$$

$$= \max_{s \in [0,1]} \{s(D(\alpha^{(t-1)}) - D(\alpha^*))$$

$$+ \frac{s}{2n}\left(\frac{1-s}{\gamma_f} - n\sigma s\right)\|\alpha^* - \alpha^{(t-1)}\|^2\}.$$

これより, $s = \frac{\gamma_f^{-1}}{n\sigma + \gamma_f^{-1}} \in [0,1]$ とすると,

$$\sum_{k=1}^{K} \epsilon_{D,k}(\alpha^{(t-1)}) \geq \frac{\gamma_f^{-1}}{n\sigma + \gamma_f^{-1}}(D(\alpha^{(t-1)}) - D(\alpha^*))$$

が得られ, これまでの式をまとめると,

$$\mathrm{E}[D(\alpha^{(t)}) - D(\alpha^{(t-1)})] \leq \frac{1}{K}(\Theta - 1)\frac{1}{n\sigma\gamma_f + 1}(D(\alpha^{(t-1)}) - D(\alpha^*)),$$

すなわち,

$$\mathrm{E}[D(\alpha^{(t)}) - D(\alpha^*)] \leq \left[1 - \frac{1}{K}(1 - \Theta)\frac{1}{n\sigma\gamma_f + 1}\right](D(\alpha^{(t-1)}) - D(\alpha^*))$$

を得ます. よって示されました. □

Appendix A

付録 A

A.1 有用な不等式

ここでは基本的ですが重要な 3 つの不等式を紹介します.

> **補題 A.1.1**
>
> (コーシー・シュワルツの不等式 (**Cauchy-Schwarz inequality**))
>
> $\forall x, y \in \mathbb{R}^p, \forall \mu > 0$ に対し,
>
> $$\langle x, y \rangle \leq \frac{\mu}{2}\|x\|^2 + \frac{1}{2\mu}\|y\|^2.$$

証明.
$$\begin{aligned}0 &\leq \|\sqrt{\mu}x - y/\sqrt{\mu}\|^2 \\ &= \mu\|x\|^2 - 2\langle x, y \rangle + \|y\|^2/\mu,\end{aligned}$$

より所望の不等式を得ます. □

> **補題 A.1.2**
>
> $$\langle x - y, y - z \rangle = -\frac{1}{2}\|x - y\|^2 - \frac{1}{2}\|y - z\|^2 + \frac{1}{2}\|x - z\|^2$$

証明.

$$\frac{1}{2}\|x-z\|^2 = \frac{1}{2}\|(x-y)+(y-z)\|^2$$
$$= \frac{1}{2}\|x-y\|^2 + \frac{1}{2}\|z-y\|^2 + \langle x-y, y-z \rangle$$

なので，題意を得ます． □

補題 A.1.3（イェンセンの不等式 (Jensen inequality)）

$f : \mathbb{R}^p \to \mathbb{R}\cup\{\infty\}$ を凸関数，確率変数 $X \in \mathbb{R}^p$ が $\mathrm{E}[X] \in \mathrm{dom}(f)$ で，$\mathrm{E}[X]$ での f の劣微分は空集合でないとします．すると，以下の不等式が成り立ちます：

$$\mathrm{E}[f(X)] \le f(\mathrm{E}[X]).$$

証明. $\mu := \mathrm{E}[X]$ とおきます．μ における任意の劣勾配を $g \in \partial f(\mu)$ とします．すると，$\forall y \in \mathbb{R}^p$ で $f(y) \ge f(\mu) + \langle y - \mu, g \rangle$ です．よって，

$$\mathrm{E}[f(X)] \le \mathrm{E}[f(\mu) + \langle X - \mu, g \rangle] = f(\mu) + \langle \mathrm{E}[X] - \mu, g \rangle = f(\mu)$$

です． □

イェンセンの不等式の特別な例として，有限平均に関する不等式は有用です．$x_j \in \mathrm{dom}(f)$ $(j = 1, \ldots, N)$ に対し，$\sum_{j=1}^{N} \lambda_j = 1$, $\lambda_j \ge 0$ なる任意の λ_j $(j = 1, \ldots, N)$ について

$$\sum_{j=1}^{N} \lambda_j f(x_j) \le f\left(\sum_{j=1}^{N} \lambda_j x_j\right)$$

が成り立ちます．この不等式は凸関数の定義からも直接導けます．

A.2　正則化学習法の 1 次最適化法（近接勾配法）

ここでは正則化学習の 1 次最適化法（**first order method**）について解説します．1 次最適化法は勾配と関数値の情報のみを用いる最適化法です．

A.2 正則化学習法の1次最適化法（近接勾配法）　　143

2階微分の情報を用いるニュートン・ラフソン法は1次最適化法の枠組みには入りません．1次最適化法は2次最適化法と比べて1回の更新にかかる計算量が少なく，大規模な最適化問題にも適用しやすいという利点があります．

最適化問題の難しさは主に「強凸性」と「平滑性」で記述できます．目的関数が平滑なとき，ネステロフの加速法と呼ばれる技法を用いることで，1次法の中で最適な収束レートを達成するようにできます．これらの要素が収束レートに与える影響をまとめると，表 A.1 のようになります．ここで，R は実行可能領域の直径，G は劣勾配のノルムの上界です．なお，ここでいう最適な収束レートとは，どのようなアルゴリズムにもある条件を満たす凸関数が存在して，その収束レートより速く収束させられないレートを指します（4.6 節参照）．そのような最適レートを達成する方法としてネステロフの加速法は非常に強力な技法です．この付録で述べる内容のより詳しい事項はネステロフによる本 [23] と論文 [22,25] を参照ください．

表 A.1　1 次法の最適レート

	非強凸	α-強凸
非平滑	$\dfrac{RG}{\sqrt{T}}$	$\dfrac{G^2}{\alpha T}$
γ-平滑	$\dfrac{\gamma}{T^2}$	$\exp\left(-\sqrt{\dfrac{\alpha}{\gamma}T}\right)$

次のような目的関数の最小化問題を考えましょう：

$$F(\beta) = f(\beta) + \psi(\beta).$$

ただし，f は損失関数を ψ は正則化関数を想定しており，どちらも凸関数とします．ここでは，この問題を解くための近接勾配法を紹介し，そのネステロフによる加速法も紹介します．

144   **Appendix A**

アルゴリズム A.1 近接勾配法

$\beta_0 = \mathbf{0} \in \mathbb{R}^p$ と初期化.
$t = 1, \ldots, T$ で以下を実行:

1. $g_t \in \partial f(\beta_{t-1})$ を計算.
2. $\beta_t = \mathrm{prox}_{\psi/\eta_t}(\beta_{t-1} - a_t g_t/\eta_t)$ と更新.

ただし, $\eta_t, a_t > 0$ はステップサイズを調整するパラメータです.

ただし, 実行可能領域を $\mathcal{B}$ とし, 近接写像は $\mathcal{B}$ 上で定義します:

$$\mathrm{prox}_\psi(q) := \underset{\beta \in \mathcal{B}}{\mathrm{argmin}} \left\{ \psi(\beta) + \frac{1}{2}\|\beta - q\|^2 \right\}.$$

なお, 以下を仮定します. ただし, これらの仮定は本質的ではありません. 表記の簡潔さのための仮定であり, これらの仮定がなくても同様の理論が成り立ちます.

1. $\mathbf{0} \in \mathcal{B}$.
2. $\psi(\mathbf{0}) = 0$.

A.2.1 平滑でない凸関数の最小化

まずは, 目的関数に平滑性を仮定しない場合の最適化手法とその収束レートを紹介しましょう. そのため, いくつかの量を定義します.

$$R = \sup_{\beta, \beta' \in \mathcal{B}} \|\beta - \beta'\|, \quad G = \sup\{\|g\| \mid g \in \partial f(\beta), \ \beta \in \mathcal{B}\}.$$

近接勾配法の収束レートは以下のように評価できます.

定理 A.2.1

G, R がともに有限のとき，$\eta_t = \frac{G\sqrt{t}}{R}$，$a_t = 1$ とすれば，任意の $\beta^* \in \mathcal{B}$ に対し，

$$F\left(\frac{\sum_{t=0}^{T} \beta_t}{T+1}\right) - F(\beta^*) \leq \frac{2GR}{\sqrt{T}}.$$

証明. 定理 4.3.2 の証明においてすべての t で $\ell_t(\beta) = f(\beta)$ とすれば，$\eta_t = \eta_0\sqrt{t}$ に対し，

$$F\left(\frac{\sum_{t=0}^{T} \beta_t}{T+1}\right) - F(\beta^*) \leq \frac{\eta_0 R^2 + \frac{G^2}{\eta_0}}{\sqrt{T+1}}$$

となります．$\eta_0 = \frac{G}{R}$ を代入すれば題意を得ます． □

一方，$F(\beta)$ が強凸な場合，次が示されます．

定理 A.2.2

G が有限で，f が α-強凸のとき，$\eta_t = \frac{\alpha t}{2}$，$a_t = t/(t+1)$ とすれば，任意の $\beta^* \in \mathcal{B}$ に対し，

$$F\left(\frac{2}{(T+1)(T+2)} \sum_{t=0}^{T}(t+1)\beta_t\right) - F(\beta^*) \leq \frac{2G^2}{\alpha(T+2)}.$$

証明. 定理 4.3.4 で $\ell_t(\beta) = f(\beta)$ $(\forall t)$ とすれば題意を得ます． □

A.2.2 平滑な凸関数の最小化

続いて，f が平滑である場合について議論しましょう．

定理 A.2.3

f が γ-平滑であるとき，$\eta_t = \gamma$，$a_t = 1$ とすると，任意の $\beta^* \in \mathcal{B}$ に対し，

$$F\left(\frac{\sum_{t=1}^{T} \beta_t}{T}\right) - F(\beta^*) \leq \frac{\gamma\|\beta^* - \beta_0\|^2}{2T}.$$

146   Appendix A

　よって，f が平滑なら強凸性がなくても $O(1/T)$ を達成することがわかります.

　定理の証明をする前に，次の補題を用意します.

> ### 補題 A.2.4
>
> $\beta \in \mathcal{B}$ に対し，ある $g \in \partial f(\beta)$ を用いて
>
> $$p_{\eta,\beta} := \mathrm{prox}_{\psi/\eta}(\beta - g/\eta)$$
>
> と表記します（g が一意ではないので $p_{\eta,\beta}$ は一意とは限りません）.
> このとき，f が γ-平滑でかつ α-強凸なら（$\alpha = 0$ も許します），任意の $\beta', \beta \in \mathcal{B}$ に対し，
>
> $$F(\beta') - F(p_{\eta,\beta}) \geq \frac{\alpha}{2}\|\beta' - \beta\|^2 + \left(\eta - \frac{\gamma}{2}\right)\|\beta - p_{\eta,\beta}\|^2 + \eta\langle\beta - p_{\eta,\beta}, \beta' - \beta\rangle$$
>
> が成り立ちます.

証明. $p_{\eta,\beta}$ の定義より，$\exists g_f \in \partial f(\beta)$，$\exists g_\psi \in \partial \psi(p_{\eta,\beta})$ で，

$$g_\psi + \eta(p_{\eta,\beta} - \beta + g_f/\eta) = 0$$

です. さらに，f の平滑性より

$$f(p_{\eta,\beta}) \leq f(\beta) + \langle p_{\eta,\beta} - \beta, g_f\rangle + \frac{\gamma}{2}\|\beta - p_{\eta,\beta}\|^2$$

です. よって，

$$
\begin{aligned}
F(\beta') - F(p_{\eta,\beta}) =&\, f(\beta') - f(p_{\eta,\beta}) + \psi(\beta') - \psi(p_{\eta,\beta}) \\
\geq&\, f(\beta') - f(\beta) + f(\beta) - f(p_{\eta,\beta}) + \langle g_\psi, \beta' - p_{\eta,\beta}\rangle \\
=&\, f(\beta') - f(\beta) + f(\beta) - f(p_{\eta,\beta}) \\
&+ \langle -\eta(p_{\eta,\beta} - \beta) - g_f, \beta' - p_{\eta,\beta}\rangle \\
=&\, f(\beta') - f(\beta) - \langle g_f, \beta' - \beta\rangle \\
&+ f(\beta) - f(p_{\eta,\beta}) + \langle p_{\eta,\beta} - \beta, g_f\rangle \\
&+ \langle -\eta(p_{\eta,\beta} - \beta), \beta' - p_{\eta,\beta}\rangle \\
\geq&\, \frac{\alpha}{2}\|\beta' - \beta\|^2 - \frac{\gamma}{2}\|\beta - p_{\eta,\beta}\|^2 + \eta\langle\beta - p_{\eta,\beta}, \beta' - p_{\eta,\beta}\rangle
\end{aligned}
$$

$$= \frac{\alpha}{2}\|\beta' - \beta\|^2 + \left(\eta - \frac{\gamma}{2}\right)\|\beta - p_{\eta,\beta}\|^2$$
$$+ \eta\langle\beta - p_{\eta,\beta}, \beta' - \beta\rangle.$$

$\square$

定理 A.2.3 の証明. 補題 A.2.4 に，$\beta \leftarrow \beta_{t-1}$, $\beta' \leftarrow \beta^*$, $\alpha = 0$ を代入すると，

$$F(\beta^*) - F(\beta_t) \geq \frac{\gamma}{2}\|\beta_t - \beta_{t-1}\|^2$$
$$+ \gamma\underbrace{\langle\beta_{t-1} - \beta_t, \beta^* - \beta_{t-1}\rangle}_{\frac{\|\beta^* - \beta_t\|}{2} - \frac{\|\beta^* - \beta_{t-1}\|^2}{2} - \frac{\|\beta_t - \beta_{t-1}\|^2}{2} \ (\because \text{補題 A.1.2})}$$
$$= \frac{\gamma}{2}\|\beta_t - \beta^*\|^2 - \frac{\gamma}{2}\|\beta_{t-1} - \beta^*\|^2,$$

を得ます．よって，$t = 1, \ldots, T$ で和をとると，

$$TF(\beta^*) - \sum_{t=1}^{T} F(\beta_t) \geq \frac{\gamma}{2}\|\beta_T - \beta^*\|^2 - \frac{\gamma}{2}\|\beta_0 - \beta^*\|^2$$

です．イェンセンの不等式より $\frac{1}{T}\sum_{t=1}^{T} F(\beta_t) \geq F(\frac{1}{T}\sum_{t=1}^{T}\beta_t)$ なので，題意を得ます． $\square$

さらに強凸性を仮定すると，指数的な収束 (1 次収束) を達成します．

定理 A.2.5

f は γ-平滑で，f は α-強凸であるとします．また，$\beta^* = \arg\min_{\beta \in \mathcal{B}} F(\beta)$ が一意に存在するとします．すると，$\eta_t = \gamma$ とすれば，

$$\|\beta_t - \beta^*\|^2 \leq \left(\frac{\gamma - \alpha}{\gamma + \alpha}\right)^t \|\beta_0 - \beta^*\|^2$$

です．

証明. 補題 A.2.4 を $\beta \leftarrow \beta_{t-1}$, $\beta' \leftarrow \beta^*$ として用いると，

$$-\frac{\alpha}{2}\|\beta_t - \beta^*\|^2$$
$$\geq F(\beta^*) - F(\beta_t)$$
$$\geq \frac{\alpha}{2}\|\beta_{t-1} - \beta^*\|^2 + \frac{\gamma}{2}\|\beta_{t-1} - \beta_t\|^2 + \gamma\langle\beta_{t-1} - \beta_t, \beta^* - \beta_{t-1}\rangle$$
$$= \frac{\alpha}{2}\|\beta_{t-1} - \beta^*\|^2 + \frac{\gamma}{2}\|\beta_t - \beta^*\|^2 - \frac{\gamma}{2}\|\beta_{t-1} - \beta^*\|$$

を得ます. よって, 式を整理することで

$$\|\beta_t - \beta^*\|^2 \leq \frac{\gamma - \alpha}{\gamma + \alpha}\|\beta_{t-1} - \beta^*\|^2$$

を得ます. $\qquad\square$

A.2.3 平滑な凸関数の最小化: ネステロフの加速法

これまでは単純な近接勾配法を扱ってきましたが, 凸関数 f が γ-平滑ならネステロフの加速法を用いることでより速い収束を達成できます. ネステロフの加速法にはさまざまなバージョンがあり, ここで紹介した方法がすべてではありません. ただ, 基本的な仕組みはどれも同じです.

アルゴリズム A.2 は **FISTA (Fast Iterative Shrinkage Thresholding Algorithm)** とも呼ばれています. β_t をそのまま次のステップに用いるのではなく, 1 つ前の β_{t-1} からの差分を用いることで方向を微調整しています. このように, 前のステップからの勢いを利用することを機械学習では**モーメンタム (momentum)** とも呼び, 深層学習の最適化にも用いられています. ネステロフの加速法を用いることで収束オーダーが $O(1/T)$ から $O(1/T^2)$ まで改善されます.

A.2 正則化学習法の 1 次最適化法（近接勾配法） 149

アルゴリズム A.2 ネステロフの加速法

$\beta_1 = \mu_0 = \mathbf{0}$, $s_0 = 0$, $s_1 = 1$ と初期化.
$t = 1, \ldots, T$ で以下を実行:

1. $g_t \in \partial f(\mu_t)$ を計算.
2. $\eta = \gamma$ として，β_t を次のように更新:

$$\beta_t = \text{prox}_{\psi/\eta}(\mu_t - g_t/\eta).$$

3. s_t を次のように更新:

$$s_{t+1} = \frac{1 + \sqrt{1 + 4s_t^2}}{2}$$

4. μ_{t+1} を次のように更新:

$$\mu_{t+1} = \beta_t + \left(\frac{s_t - 1}{s_{t+1}}\right)(\beta_t - \beta_{t-1}).$$

定理 A.2.6

f が γ-平滑なら，

$$F(\beta_T) - F(\beta^*) \leq \frac{2\gamma\|\beta^* - \beta_0\|}{T^2}.$$

証明. 後述の定理 A.2.7 で $s_t^2 = \eta A_t$ とすれば題意を得ます. □

さらに，f が α-強凸であればより速く収束させることができます．強凸性も考慮した一般化したネステロフの加速法をアルゴリズム A.3 に示します．

アルゴリズム A.3 ネステロフの加速法: 強凸

$\beta_0 = \mu_0 = \mathbf{0}$, $A_0 = 0$, $A_1 = \frac{1}{\gamma - \alpha}$ と初期化.
$t = 1, \ldots, T$ で以下を実行:

1. $g_t \in \partial f(\mu_t)$ を計算.
2. $\eta = \gamma$ として, β_t を次のように更新:

$$\beta_t = \mathrm{prox}_{\psi/\eta}(\mu_t - g_t/\eta).$$

3. A_t を次のように更新:

$$A_{t+1} = \frac{1 + 2\eta A_t + \sqrt{1 + 4\eta(1 + \alpha A_t)A_t}}{2(\eta - \alpha)}. \tag{A.1}$$

4. μ_{t+1} を次のように更新:

$$\mu_{t+1} = \beta_t + \frac{A_{t-1}(1 + \alpha A_t)(\beta_t - \beta_{t-1})}{(\eta - \alpha)(A_{t+1} - A_t)(A_t - A_{t-1})}. \tag{A.2}$$

定理 A.2.7

f が γ-平滑ならば, アルゴリズム A.3 の解 β_T に対し,

$$F(\beta_T) - F(\beta^*) \leq \frac{2\gamma \|\beta^* - \beta_0\|^2}{T^2}$$

が成り立ちます. さらに, f が α-強凸かつ γ-平滑ならば,

$$F(\beta_T) - F(\beta^*) \leq \gamma \left(1 - \sqrt{\frac{\alpha}{\gamma}}\right)^T \|\beta^* - \beta_0\|^2$$

なる収束を達成します.

ここで強凸関数の場合の収束レートが $\exp\left(-C\frac{\alpha}{\gamma}T\right)$ ではなく $\exp\left(-C\sqrt{\frac{\alpha}{\gamma}}T\right)$ となっていることに注意してください (C はある定数). $\alpha \leq \gamma$ であること

に注意しますと，$\frac{\alpha}{\gamma} \le \sqrt{\frac{\alpha}{\gamma}}$ ですので，定理 A.2.5 の収束レートより加速されていることがわかります．特に，強凸性が弱く α/γ が 0 に近いときに両者の差は大きくなり，加速による恩恵を強く受けることになります．

証明. $a_t := A_t - A_{t-1}$ としましょう．証明の方針としては，$F(\beta_t)$ を上と下から抑える近似的な関数列 Φ_t $(t = 1, \ldots, T)$ を作り，誤差の漸化式を導きます．$\Phi_t(\beta)$ は次の不等式を満たすように生成します：

$$A_t F(\beta_t) \le \min_{\beta} \Phi_t(\beta), \tag{A.3a}$$

$$\Phi_t(\beta) \le A_t F(\beta) + \frac{1}{2}\|\beta - \beta_0\|^2 \quad (\forall \beta \in \mathcal{B}). \tag{A.3b}$$

もしこのような関数列が生成できれば，

$$F(\beta_T) - F(\beta^*) \le \frac{\|\beta^* - \beta_0\|^2}{2A_T}$$

であることがすぐにわかります．以後，簡単のため $\alpha > 0$ として議論を進めますが，$\alpha = 0$ でも同様にして示せます．

今，Φ_t として $\Phi_0(\beta) = \frac{1}{2}\|\beta - \beta_0\|^2$，

$$\Phi_t(\beta) = \Phi_{t-1}(\beta) + a_t F(\beta) \quad (t \ge 1)$$

とします．これが条件 (A.3) を満たすことを示します．まず，2 つ目の条件 (A.3b) は Φ_t と a_t の定義より

$$\Phi_t(\beta) = \Phi_{t-1}(\beta) + a_t F(\beta) = \Phi_{t-2}(\beta) + a_{t-1}F(\beta) + a_t F(\beta) = \cdots$$

$$= A_t F(\beta) + \Phi_0(\beta) = A_t F(\beta) + \frac{1}{2}\|\beta - \beta_0\|^2$$

なので，等式で示されます．次に 1 つ目の条件 (A.3a) を示します．そのため，ある v_t $(t = 1, \ldots, T)$ が存在して，

$$\Phi_t(\beta) \ge A_t F(\beta_t) + \frac{1 + \alpha A_t}{2}\|\beta - v_t\|^2$$

となることを示します．まず，$t = 0$ においては，$v_0 = \beta_0$ とすれば，Φ_0 の定義より成り立ちます．t まで成り立っているとして，$t+1$ においても成り立つことを示します．補題 A.2.4 より，$\eta = \gamma$ のとき，$\forall \beta$ で

$$F(\beta) \geq F(\beta_{t+1}) + \frac{\eta}{2}\|\mu_{t+1} - \beta_{t+1}\|$$

$$+ \eta\langle\mu_{t+1} - \beta_{t+1}, \beta - \mu_{t+1}\rangle + \frac{\alpha}{2}\|\beta - \mu_{t+1}\|^2,$$

となります. これを用いますと

$$\Phi_{t+1}(\beta)$$

$$=\Phi_t(\beta) + a_{t+1}F(\beta)$$

$$\geq A_t F(\beta_t) + \frac{1 + \alpha A_t}{2}\|\beta - v_t\|^2 + a_{t+1}F(\beta)$$

$$\geq A_t\big(F(\beta_{t+1}) + \tfrac{\eta}{2}\|\mu_{t+1} - \beta_{t+1}\|^2 + \eta\langle\mu_{t+1} - \beta_{t+1}, \beta_t - \mu_{t+1}\rangle\big)$$

$$+ \frac{1 + \alpha A_t}{2}\|\beta - v_t\|^2$$

$$+ a_{t+1}\big(F(\beta_{t+1}) + \tfrac{\eta}{2}\|\mu_{t+1} - \beta_{t+1}\|^2 + \eta\langle\mu_{t+1} - \beta_{t+1}, \beta - \mu_{t+1}\rangle$$

$$+ \tfrac{\alpha}{2}\|\beta - \mu_{t+1}\|^2\big)$$

$$=A_{t+1}F(\beta_{t+1})$$

$$+ \frac{1 + \alpha A_t}{2}\|\beta - v_t\|^2 + \frac{a_{t+1}\alpha}{2}\|\beta - \mu_{t+1}\|^2$$

$$+ a_{t+1}\eta\langle\mu_{t+1} - \beta_{t+1}, \beta - \mu_{t+1}\rangle$$

$$+ \frac{\eta A_{t+1}}{2}\|\mu_{t+1} - \beta_{t+1}\|^2 + \eta A_t\langle\mu_{t+1} - \beta_{t+1}, \beta_t - \mu_{t+1}\rangle$$

$$=A_{t+1}F(\beta_{t+1})$$

$$+ \frac{1 + \alpha A_t}{2}\|\beta - v_t\|^2 + \frac{a_{t+1}\alpha}{2}\left\|\beta - \left[\left(1 - \frac{\eta}{\alpha}\right)\mu_{t+1} + \frac{\eta}{\alpha}\beta_{t+1}\right]\right\|^2$$

$$+ \frac{\eta(A_{t+1} - \frac{\eta}{\alpha}a_{t+1})}{2}\|\mu_{t+1} - \beta_{t+1}\|^2 + \eta A_t\langle\mu_{t+1} - \beta_{t+1}, \beta_t - \mu_{t+1}\rangle$$

$$
=A_{t+1}F(\beta_{t+1})
$$

$$
+\frac{1+\alpha A_{t+1}}{2}\left\|\beta-\frac{(1+\alpha A_t)v_t+\alpha a_{t+1}[\mu_{t+1}-\frac{\eta}{\alpha}(\mu_{t+1}-\beta_{t+1})]}{1+\alpha A_{t+1}}\right\|^2
$$

$$
+\frac{(1+\alpha A_t)\alpha a_{t+1}}{2(1+\alpha A_{t+1})}\left\|v_t-\left[\left(1-\frac{\eta}{\alpha}\right)\mu_{t+1}+\frac{\eta}{\alpha}\beta_{t+1}\right]\right\|^2
$$

$$
+\frac{\eta(A_{t+1}-\frac{\eta}{\alpha}a_{t+1})}{2}\|\mu_{t+1}-\beta_{t+1}\|^2+\eta A_t\langle\mu_{t+1}-\beta_{t+1},\beta_t-\mu_{t+1}\rangle
$$

$$
\tag{A.4}
$$

となります．なお，最後の等式は

$$
\frac{a}{2}\|x-z_1\|^2+\frac{b}{2}\|x-z_2\|^2=\frac{a+b}{2}\left\|x-\frac{az_1+bz_2}{a+b}\right\|^2+\frac{ab}{2(a+b)}\|z_1-z_2\|^2
$$

なる関係式を用いました．さらに式 (A.4) の右辺第 3 項以降は次のように評価されます：

$$
\frac{(1+\alpha A_t)\alpha a_{t+1}}{2(1+\alpha A_{t+1})}\|v_t-\mu_{t+1}\|^2
$$

$$
+\frac{1}{2}\left[\eta(A_{t+1}-\frac{\eta}{\alpha}a_{t+1})+\frac{(1+\alpha A_t)a_{t+1}\eta^2}{(1+\alpha A_{t+1})\alpha}\right]\|\mu_{t+1}-\beta_{t+1}\|^2
$$

$$
+\left\langle\mu_{t+1}-\beta_{t+1},\eta A_t(\beta_t-\mu_{t+1})+\frac{(1+\alpha A_t)a_{t+1}\eta}{(1+\alpha A_{t+1})}(v_t-\mu_{t+1})\right\rangle
$$

$$
=\frac{(1+\alpha A_t)\alpha a_{t+1}}{2(1+\alpha A_{t+1})}\|v_t-\mu_{t+1}\|^2
$$

$$
+\frac{\eta}{2}\left[\frac{(1+\alpha A_{t+1})(\alpha A_{t+1}-\eta a_{t+1})+(1+\alpha A_t)a_{t+1}\eta}{(1+\alpha A_{t+1})\alpha}\right]\|\mu_{t+1}-\beta_{t+1}\|^2
$$

$$
+\frac{\eta(1+\alpha A_{t+1})A_t+\eta(1+\alpha A_t)a_{t+1}}{(1+\alpha A_{t+1})}\times
$$

$$
\left\langle\mu_{t+1}-\beta_{t+1},\frac{(1+\alpha A_{t+1})A_t\beta_t+(1+\alpha A_t)a_{t+1}v_t}{(1+\alpha A_{t+1})A_t+(1+\alpha A_t)a_{t+1}}-\mu_{t+1}\right\rangle.
$$

この右辺をなるべく小さい非負の値にすることを考えます．そこで，第 2 項が消えるように

$$(1 + \alpha A_{t+1})(\alpha A_{t+1} - \eta a_{t+1}) + (1 + \alpha A_t)a_{t+1}\eta = 0$$
$$\Leftrightarrow \quad (\eta - \alpha)a_{t+1}^2 = (1 + \alpha A_{t+1})A_t + (1 + \alpha A_t)a_{t+1} \tag{A.5}$$

とします．さらに，クロスターム（第 3 項）が 0 になるように

$$\mu_{t+1} = \frac{(1 + \alpha A_{t+1})A_t\beta_t + (1 + \alpha A_t)a_{t+1}v_t}{(1 + \alpha A_{t+1})A_t + (1 + \alpha A_t)a_{t+1}}$$

とします．また，v_{t+1} を式 (A.4) の右辺を最小化する β として

$$v_{t+1} = \frac{(1 + \alpha A_t)v_t + \alpha a_{t+1}[\mu_{t+1} - \frac{\eta}{\alpha}(\mu_{t+1} - \beta_{t+1})]}{1 + \alpha A_{t+1}}$$

とおきます．こうすることによって，式 (A.4) の右辺は

$$A_{t+1}F(\beta_{t+1}) + \frac{1 + \alpha A_{t+1}}{2}\|\beta - v_{t+1}\|^2$$

で下から抑えられます．よって，条件 (A.3b) が示されました．

上では $\mu_{t+1} = \frac{(1+\alpha A_{t+1})A_t\beta_t+(1+\alpha A_t)a_{t+1}v_t}{(1+\alpha A_{t+1})A_t+(1+\alpha A_t)a_{t+1}}$ $(t \geq 1)$ を仮定しましたが，これが更新式 (A.2) と矛盾しないことを示します．$t = 1$ においては，$v_0 = \beta_0$ より $\mu_1 = [(1+\alpha A_1)A_0+(1+\alpha A_0)a_1]\beta_0/[(1+\alpha A_1)A_0+(1+\alpha A_0)a_1] = \beta_0$ です．今，$t \geq 1$ までは 2 つの μ_{t+1} の更新式が等価であるとしますと，$t+1$ においては，v_{t+1} の定義式と μ_{t+1} の定義式から式 (A.5) を用いることで

v_{t+1}
$$= \frac{1}{1+\alpha A_{t+1}}\left[(1 + \alpha A_t)\left\{\frac{(1+\alpha A_{t+1})A_t+(1+\alpha A_t)a_{t+1}}{(1+\alpha A_t)a_{t+1}}\mu_{t+1} - \frac{(1+\alpha A_{t+1})A_t}{(1+\alpha A_t)a_{t+1}}\beta_t\right\}\right.$$
$$\left. + a_{t+1}(\alpha - \eta)\mu_{t+1} + a_{t+1}\eta\beta_{t+1}\right]$$
$$= \frac{1}{1+\alpha A_{t+1}}\left[\frac{(\eta-\alpha)a_{t+1}^2}{a_{t+1}}\mu_{t+1} - \frac{(1+\alpha A_{t+1})A_t}{a_{t+1}}\beta_t\right.$$
$$\left. + a_{t+1}(\alpha - \eta)\mu_{t+1} + a_{t+1}\eta\beta_{t+1}\right]$$
$$= \frac{1}{1+\alpha A_{t+1}}\left[\eta a_{t+1}\beta_{t+1} - \frac{(1+\alpha A_{t+1})A_t}{a_{t+1}}\beta_t\right]$$

となります．よって，

μ_{t+2}

$$= \frac{(1 + \alpha A_{t+2})A_{t+1}\beta_{t+1} + (1 + \alpha A_{t+1})a_{t+2}v_{t+1}}{(1 + \alpha A_{t+2})A_{t+1} + (1 + \alpha A_{t+1})a_{t+2}}$$

$$= \frac{(1 + \alpha A_{t+2})A_{t+1}}{(1 + \alpha A_{t+2})A_{t+1} + (1 + \alpha A_{t+1})a_{t+2}}\beta_{t+1} +$$

$$\frac{a_{t+2}}{(1 + \alpha A_{t+2})A_{t+1} + (1 + \alpha A_{t+1})a_{t+2}}\Big[\eta a_{t+1}\beta_{t+1} - \frac{(1 + \alpha A_{t+1})A_t}{a_{t+1}}\beta_t\Big]$$

$$= \beta_{t+1} + \frac{a_{t+2}}{(1 + \alpha A_{t+2})A_{t+1} + (1 + \alpha A_{t+1})a_{t+2}} \times$$

$$\Big\{[\eta a_{t+1} - (1 + \alpha A_{t+1})]\beta_{t+1} - \frac{(1 + \alpha A_{t+1})A_t}{a_{t+1}}\beta_t\Big\}$$

$$= \beta_{t+1} + \frac{A_t(1 + \alpha A_{t+1})}{(\eta - \alpha)a_{t+2}a_{t+1}}(\beta_{t+1} - \beta_t) \quad (\because \text{式 (A.5)})$$

となります.

よって，更新式 (A.2) が導かれました．また，A_t の更新式 (A.1) も $A_{t+1} = A_t + a_{t+1}$ と式 (A.5) から導かれます．なお，$\alpha = 0$ におけるアルゴリズム A.2 は $s_t^2 = \gamma A_t$ とおくことで得られます．実際，A_t の漸化式 (A.5) から

$$\gamma\left(\frac{s_{t+1}^2 - s_t^2}{\gamma}\right)^2 = \frac{s_{t+1}^2}{\gamma}$$

が得られ，$s_{t+1}^2 - s_{t+1} - s_t^2 = 0$ となります．これより，$s_{t+1} = \frac{1 + \sqrt{1 + 4s_t^2}}{2}$ なる更新式が得られます．

最後に A_t の大きさを評価しましょう.

(1) $\alpha = 0$ の場合: $A_t \geq t^2/(4\eta)$ とすると，

$$A_{t+1}^2 = \frac{1 + 2\eta A_t + \sqrt{4\eta A_t + 1}}{2\eta}$$

$$\geq \frac{1 + t^2/2 + \sqrt{t^2 + 1}}{2\eta}$$

$$\geq \frac{t^2 + 2t + 1}{4\eta} = \frac{(t+1)^2}{4\eta}$$

なので，$A_0 = 0$ であることに注意すると $A_t \geq t^2/(4\eta)$ $(\forall t)$ です.

(2) $\alpha \neq 0$ の場合:

$$(\eta - \alpha)(A_{t+1} - A_t)^2 = (1 + \alpha A_{t+1})A_t + (1 + \alpha A_t)a_{t+1}$$
$$\Rightarrow (\eta - \alpha)(A_t/A_{t+1} - 1)^2 \geq \alpha A_t/A_{t+1}(2 - A_t/A_{t+1})$$
$$\Rightarrow A_t/A_{t+1} \leq 1 - \sqrt{\frac{\alpha}{\eta}}.$$

となります. よって,

$$A_{t+1}^{-1} \leq \left(1 - \sqrt{\frac{\alpha}{\eta}}\right)^t A_1^{-1} \leq 2\eta \left(1 - \sqrt{\frac{\alpha}{\eta}}\right)^{t+1}$$

を得ます.

以上より, 題意を得ます. $\qquad\qquad\qquad\qquad\qquad\qquad\qquad\qquad\square$

ここで紹介した形のネステロフの加速法は各種係数 γ や α を知っている必要がありますが, 本来はこれら強凸性や平滑性の強さを知らなくても, バックトラッキングと呼ばれる技法などを用いることで自動的にここで示した収束レート (定理 A.2.7) が達成されます. バックトラッキングはステップサイズを以下の手順で決めます:

1. η に対応する β_t を計算し, 以下の不等式をチェックします:

$$f(\beta_t) \leq f(\mu_t) + \langle \beta_t - \mu_t, \nabla f(\mu_t) \rangle + \frac{\eta}{2}\|\beta_t - \mu_t\|^2. \qquad (A.6)$$

2. もし上の不等式が成り立っていたらこの η を採用し, そうでなければ, ある $\delta > 1$ を用いて $\eta \leftarrow \delta\eta$ として 1 に戻ります.

f の平滑性は証明の中で条件 (A.6) を示すためだけに使っているので, これさえ η が満たしていれば同じ収束が示せます. 詳しくはをネステロフによる本 [23] と論文 [25] を参照ください.

Bibliography

参考文献

[1] A. Agarwal, P. L. Bartlett, P. Ravikumar and M. J. Wainwright., Information-theoretic lower bounds on the oracle complexity of stochastic convex optimization, *IEEE Transcations on Information Theory*, 58(5), pp.3235–3249, 2012.

[2] P. Bühlmann and S. Van De Geer, *Statistics for high-dimensional data: Methods, theory and applications*, Springer, 2011.

[3] X. Chen, Q. Lin, and J. Pena, Optimal regularized dual averaging methods for stochastic optimization, In *Advances in Neural Information Processing Systems 25*, pp.395–403, Curran Associates, Inc., 2012.

[4] A. Defazio, F. Bach and S. Lacoste-Julien. SAGA: A fast incremental gradient method with support for non-strongly convex composite objectives, In *Advances in Neural Information Processing Systems 27*, pp.1646–1654, Curran Associates, Inc., 2014.

[5] O. Dekel, R. Gilad-Bachrach, O. Shamir and L. Xiao. Optimal distributed online prediction using mini-batches. *Journal of Machine Learning Research*, 13, pp.165–202, 2012.

[6] J. Duchi, E. Hazan and Y. Singer, Adaptive subgradient methods for online learning and stochastic optimization. *Journal of Machine Learning Research*, 12, pp.2121–2159, 2011.

[7] J. Fan and R. Li, Variable selection via nonconcave penalized likelihood and its oracle properties, *Journal of the American Statistical Association*, 96(456), pp.1348–1360, 2001.

[8] L. E. Frank and J. H. Friedman, A statistical view of some chemometrics regression tools, *Technometrics*, 35(2), pp.109–135, 1993.

[9] S. Ghadimi and G. Lan, Optimal stochastic approximation algorithms for strongly convex stochastic composite optimization I: A

generic algorithmic framework, *SIAM Journal on Optimization*, 22(4), pp.1469–1492, 2012.

[10] S. Ghadimi and G. Lan, Optimal stochastic approximation algorithms for strongly convex stochastic composite optimization, II: shrinking procedures and optimal algorithms, *SIAM Journal on Optimization*, 23(4), pp.2061–2089, 2013.

[11] A. E. Hoerl and R. W. Kennard, Ridge regression: Biased estimation for nonorthogonal problems, *Technometrics*, 12(1), pp.55–67, 1970.

[12] C. Hu, W. Pan and J. T. Kwok, Accelerated gradient methods for stochastic optimization and online learning, In *Advances in Neural Information Processing Systems 22*, pp.781–789, Curran Associates, Inc., 2009.

[13] M. Jaggi, V. Smith, M. Takáč, J. Terhorst, S. Krishnan, T. Hofmann and M. I. Jordan. Communication-efficient distributed dual coordinate ascent, In *Advances in Neural Information Processing Systems 27*, pp.3068–3076, Curran Associates, Inc., 2014.

[14] R. Johnson and T. Zhang, Accelerating stochastic gradient descent using predictive variance reduction, In *Advances in Neural Information Processing Systems 26*, pp.315–323, Curran Associates, Inc., 2013.

[15] 金森敬文, 統計的学習理論(機械学習プロフェッショナルシリーズ), 講談社, 2015.

[16] S. Lacoste-Julien, M. Schmidt and F. Bach, A simpler approach to obtaining an $o(1/t)$ convergence rate for the projected stochastic subgradient method, 2012. arXiv:1212.2002.

[17] G. Lan, An optimal method for stochastic composite optimization, *Mathematical Programming*, 133(1-2), pp.365–397, 2012.

[18] N. Le Roux, M. Schmidt and F. R. Bach, A stochastic gradient method with an exponential convergence rate for finite training

sets, In *Advances in Neural Information Processing Systems 25*, pp.2663–2671, Curran Associates, Inc., 2012.

[19] Q. Lin, Z. Lu and L. Xiao, An accelerated proximal coordinate gradient method, In *Advances in Neural Information Processing Systems 27*, pp.3059–3067. Curran Associates, Inc., 2014.

[20] A. Nemirovski, A. Juditsky, G. Lan and A. Shapiro, Robust stochastic approximation approach to stochastic programming, *SIAM Journal on Optimization*, 19(4), pp.1574–1609, 2009.

[21] A. Nemirovsky and D. Yudin, *Problem complexity and method efficiency in optimization*, John Wiley, 1983.

[22] Y. Nesterov. A method of solving a convex programming problem with convergence rate $O(1/k^2)$, In *Soviet Mathematics Doklady*, volume 27, pp.372–376, 1983.

[23] Y. Nesterov, *Introductory lectures on convex optimization: A basic course*, Springer, 2004.

[24] Y. Nesterov, Primal-dual subgradient methods for convex problems, *Mathematical Programming*, 120(1), pp.221–259, 2009.

[25] Y. Nesterov, Gradient methods for minimizing composite functions, *Mathematical Programming*, 140(1), pp.125–161, 2013.

[26] A. Nitanda, Stochastic proximal gradient descent with acceleration techniques, In *Advances in Neural Information Processing Systems 27*, pp.1574–1582, Curran Associates, Inc., 2014.

[27] A. Rakhlin, O. Shamir and K. Sridharan, Making gradient descent optimal for strongly convex stochastic optimization, In *Proceedings of the 29th International Conference on Machine Learning*, pp.449–456, Omnipress, 2012.

[28] B. Recht, C. Re, S. Wright and F. Niu, Hogwild: A lock-free approach to parallelizing stochastic gradient descent, In *Advances in Neural Information Processing Systems 24*, pp.693–701, Curran Associates, Inc., 2011.

[29] P. Richtárik and M. Takáč, Iteration complexity of randomized block-coordinate descent methods for minimizing a composite function, *Mathematical Programming*, 144(1-2), pp.1–38, 2014.

[30] H. Robbins and S. Monro, A stochastic approximation method, *The Annals of Mathematical Statistics*, 22(3), pp.400–407, 1951.

[31] R. T. Rockafellar, *Convex Analysis*, Princeton University Press, 1970.

[32] M. Schmidt, N. Le Roux and F. R. Bach, Minimizing finite sums with the stochastic average gradient, 2013. hal-00860051.

[33] S. Shalev-Shwartz and T. Zhang, Stochastic dual coordinate ascent methods for regularized loss minimization, *Journal of Machine Learning Research*, 14, pp.567–599, 2013.

[34] O. Shamir, N. Srebro and T. Zhang, Communication-efficient distributed optimization using an approximate Newton-type method, In *Proceedings of the 31th International Conference on Machine Learning*, pp.1000–1008, 2014.

[35] O. Shamir and T. Zhang, Stochastic gradient descent for non-smooth optimization: Convergence results and optimal averaging schemes, In *Proceedings of the 30th International Conference on Machine Learning*, pp.71–79, 2013.

[36] R. Tibshirani, Regression, shrinkage and selection via the lasso, *Journal of the Royal Statistical Society. Series B (Methodological)*, 58(1), pp.267–288, 1996.

[37] T. Tieleman and G. Hinton, Lecture 6.5-rmsprop: Divide the gradient by a running average of its recent magnitude, *COURSERA: Neural Networks for Machine Learning*, 2012.

[38] 海野裕也, 岡野原大輔, 得居誠也, 徳永拓之, オンライン機械学習 (機械学習プロフェッショナルシリーズ), 講談社, 2015.

[39] L. Xiao, Dual averaging methods for regularized stochastic learning and online optimization, *Journal of Machine Learning Research*,

11, pp.2543–2596, 2010.

[40] L. Xiao and T. Zhang, A proximal stochastic gradient method with progressive variance reduction, *SIAM Journal on Optimization*, 24, pp.2057–2075, 2014.

[41] M. D. Zeiler, ADADELTA: an adaptive learning rate method. *CoRR*, abs/1212.5701, 2012.

[42] Y. Zhang, J. C. Duchi and M. Wainwright, Communication-efficient algorithms for statistical optimization, *Journal of Machine Learning Research*, 14, pp.3321–3363, 2013.

[43] M. Zinkevich, M. Weimer, L. Li and A. J. Smola, Parallelized stochastic gradient descent, In *Advances in Neural Information Processing Systems 23*, pp.2595–2603. Curran Associates, Inc., 2010.

[44] H. Zou and T. Hastie, Regularization and variable selection via the elastic net, *Journal of the Royal Statistical Society: Series B (Statistical Methodology)*, 67(2), pp.301–320, 2005.

索 引

数字・欧文

1 次最適化法	142
AdaGrad	84
COCOA	135
FISTA	148
Hogwild	127
KKT 条件	26
KL ダイバージェンス	66
Lasso	11
γ-平滑凸関数	19
μ-強凸関数	18

あ行

赤池情報量規準	9
アフィン集合	21
アフィン包	21
イェンセンの不等式	142
1 次最適化法	142
一般化連結正則化	12
エピグラフ	17
オンライン学習	50
オンライン型確率的最適化	43

か行

回帰	3
過学習	6
核ノルム	13
確率的勾配降下法	49, 51
確率的双対座標降下法	96, 97
確率的双対平均化法	49, 73
確率的分散縮小勾配降下法	96, 108
確率的平均勾配降下法	96, 115
仮説集合	6
γ-平滑凸関数	19
KL ダイバージェンス	66
狭義凸関数	18

教師あり学習など

教師あり学習	1
教師なし学習	1
鏡像降下法	65
協調フィルタリング	13
強凸関数	18
近接勾配法	55, 142
近接写像	29
グループ正則化	11
訓練誤差	2
勾配降下法	53
コーシー・シュワルツの不等式	141

さ行

最急降下法	53
座標降下法	98
指数勾配降下法	69
下半連続性	36
実効定義域	17
射影勾配法	53
主問題	27
深層学習	86, 148
真凸関数	18
スパース	8
スパース正則化	11
正則化	7
正則化関数	7
正則化パラメータ	7
線形モデル	6
相対的内点	21
双対ギャップ	28
双対問題	27
ソフトしきい値関数	30
損失関数	2

た行

代理損失	6

多項式減衰平均化など

多項式減衰平均化	59, 76
多値判別	4
統計モデル	9
特徴選択	8
特徴抽出	2
特徴ベクトル	2
凸関数	10, 16
凸共役関数	19
凸集合	16
凸包	20
トレースノルム正則化	12

な行

二値判別	4
ニュートン・ラフソン法	68
ネステロフの加速法	71, 75, 103, 111, 149

は行

バッチ型確率的最適化	43
汎化誤差	2
判別	3
標示関数	29
フェンシェルの双対定理	26, 97
プラトー	86
ブレグマンダイバージェンス	65
ブロック座標降下法	98
平滑凸関数	19
閉凸関数	18
閉包	21

ま行

マルチタスク学習	13
ミニマックス最適	51, 89
μ-強凸関数	18
モーメンタム	148
モーロー分解	30
モーロー包	31

モデル ———————— 6

や行

ヤング・フェンシェルの不等式
24

ら行

Lasso ———————— 11

ラベル伝播法 ————128

リグレット ————— 50

ルジャンドル変換 ———— 19

劣勾配 ———————— 23

劣微分 ———————— 23

著者紹介

鈴木大慈 博士（情報理工学）
2004 年　東京大学工学部計数工学科卒業
2009 年　東京大学大学院情報理工学系研究科数理情報学専攻
　　　　　博士課程修了
現　在　東京工業大学大学院情報理工学研究科 准教授
　　　　　JST さきがけ研究者

NDC007　174p　21cm

機械学習プロフェッショナルシリーズ
確率的最適化

2015 年 8 月 7 日　　第 1 刷発行
2015 年 8 月 20 日　　第 2 刷発行

著　者　　鈴木大慈
発行者　　鈴木　哲
発行所　　株式会社　講談社
　　　　　〒 112-8001　東京都文京区音羽 2-12-21
　　　　　　　販売　(03)5395-4415
　　　　　　　業務　(03)5395-3615
編　集　　株式会社　講談社サイエンティフィク
　　　　　代表　矢吹俊吉
　　　　　〒 162-0825　東京都新宿区神楽坂 2-14　ノービィビル
　　　　　　　編集　(03)3235-3701
本文データ制作　藤原印刷株式会社
カバー・表紙印刷　豊国印刷株式会社
本文印刷・製本　株式会社　講談社

落丁本・乱丁本は、購入書店名を明記のうえ、講談社業務宛にお送りください。送料小社負担にてお取替えします。なお、この本の内容についてのお問い合わせは、講談社サイエンティフィク宛にお願いいたします。定価はカバーに表示してあります。

©Taiji Suzuki, 2015

本書のコピー、スキャン、デジタル化等の無断複製は著作権法上での例外を除き禁じられています。本書を代行業者等の第三者に依頼してスキャンやデジタル化することはたとえ個人や家庭内の利用でも著作権法違反です。

JCOPY　〈(社) 出版者著作権管理機構　委託出版物〉

複写される場合は、その都度事前に（社）出版者著作権管理機構（電話 03-3513-6969、FAX 03-3513-6979、e-mail: info@jcopy.or.jp）の許諾を得てください。

Printed in Japan

ISBN 978-4-06-152907-6

明日を切り拓け！ 挑戦はここから始まる。

機械学習プロフェッショナルシリーズ

MLP

杉山 将・編
東京大学大学院新領域創成科学研究科 教授

第1期

- **機械学習のための確率と統計**
  杉山 将・著　127頁・本体 2,400円　978-4-06-152901-4
- **深層学習**
  岡谷 貴之・著　175頁・本体 2,800円　978-4-06-152902-1
- **オンライン機械学習**
  海野 裕也／岡野原 大輔／得居 誠也／徳永 拓之・著
  168頁・本体 2,800円　978-4-06-152903-8
- **トピックモデル**
  岩田 具治・著　158頁・本体 2,800円　978-4-06-152904-5

第2期

- **統計的学習理論**
  金森 敬文・著　189頁・本体 2,800円　978-4-06-152905-2
- **サポートベクトルマシン**
  竹内 一郎／烏山 昌幸・著
  189頁・本体 2,800円　978-4-06-152906-9
- **確率的最適化**
  鈴木 大慈・著　174頁・本体 2,800円　978-4-06-152907-6
- **異常検知と変化検知**
  井手 剛／杉山 将・著
  190頁・本体 2,800円　978-4-06-152908-3

全29巻
A5・各巻 128～192頁
本体 2,400～3,000円
（税別）

以下続刊

第3期
スパース性に基づく機械学習
冨岡 亮太・著
劣モジュラ最適化と機械学習
河原 吉伸／永野 清仁・著
生命情報処理における機械学習
瀬々 潤／浜田 道昭・著
画像認識
原田 達也・著
ヒューマンコンピューテーションとクラウドソーシング
鹿島 久嗣／小山 聡／馬場 雪乃・著

第4期
ノンパラメトリックベイズ
　点過程と統計的機械学習の数理
佐藤 一誠・著
変分ベイズ学習
中島 伸一・著
グラフィカルモデル
渡辺 有祐・著
脳画像のパターン認識
神谷 之康・著

第5期
ウェブデータの機械学習
B. ダヌシカ／岡崎 直観／前原 貴憲・著
バンディット問題とその解法アルゴリズム
中村 篤祥／本多 淳也・著
データアナリティクスにおけるプライバシ保護
佐久間 淳・著
強化学習
森村 哲郎・著
オンライン予測
畑埜 晃平／瀧本 英二・著

以下 第7期まで 続刊

＊表示価格は本体価格（税別）です．消費税が別に加算されます．［2015年8月現在］

講談社サイエンティフィク　http://www.kspub.co.jp/